U0224390

西北地区近零能耗建筑**设计策略**

主编 倪 欣 王福松 刘 涛

中国建材工业出版社

北京

图书在版编目（CIP）数据

西北地区近零能耗建筑设计策略 / 倪欣，王福松，
刘涛主编 . -- 北京：中国建材工业出版社，2024.5
ISBN 978-7-5160-4072-0

Ⅰ . ①西… Ⅱ . ①倪… ②王… ③刘… Ⅲ . ①生态建
筑—建筑设计—研究—西北地区 Ⅳ . ① TU201.5

中国国家版本馆 CIP 数据核字（2024）第 050863 号

西北地区近零能耗建筑设计策略
XIBEI DIQU JINLING NENGHAO JIANZHU SHEJI CELUE
倪 欣 王福松 刘 涛 主编

出版发行：中国建材工业出版社
地　　址：北京市西城区白纸坊东街 2 号院 6 号楼
邮政编码：100032
经　　销：全国各地新华书店
印　　刷：北京天恒嘉业印刷有限公司
开　　本：889mm×1194mm　1/16
印　　张：9.25
字　　数：220 千字
版　　次：2024 年 5 月第 1 版
印　　次：2024 年 5 月第 1 次
定　　价：98.00 元

PREFACE
前　言

　　随着全球气候变化和环境污染问题日益严重，节能减排、保护环境已成为国际社会共同关注的话题。建筑行业的能源消耗和环境污染较为严重，亟待转型升级。在此背景下，近零能耗建筑应运而生，成为建筑行业实现节能减排、推动可持续发展的有效途径。

　　近零能耗建筑是指在建筑全寿命周期内，通过采用高效的保温隔热措施、高性能的门窗系统、高效的能源系统和可再生能源利用等技术措施，使建筑的能源消耗接近于零的建筑形式。这种建筑不仅能有效降低建筑对环境的影响，实现经济、社会和环境的协调发展，还能提高建筑的舒适性、健康性和安全性，满足人们日益增长的生活需求。

　　作者团队从2009年起开展绿色低碳建筑研究，是国内研究起步较早、设计和技术结合密切、应用场景涵盖面广、成果类型丰富的研究团队之一。

　　团队经历了国内绿色建筑从政策导向的起步阶段、绿色建筑标准建立的发展阶段以及目前的建筑高性能化、低碳化的内涵完善阶段。期间也发现西北地区绿色低碳建筑发展中存在的设计理论体系匮乏、绿色技术堆砌严重、应用示范推广困难等关键性问题，团队以打造以人为本、健康舒适、环境共生、绿色低碳的建筑空间为诉求，以降低建筑能耗和碳排放为目标，以推动西北地区建筑高质量发展为驱动，在10多项省部级科研课题支持下，通过绿色低碳建筑的基础理论研究、关键技术突破、标准体系建设、示范项目等应用深度产学研模式，取得系列原创科技成果。

　　作者团队的研究成果在示范项目应用过程中困难重重，很多前期完成度很高的绿色低碳项目都因各种原因没有能够顺利实施。本书介绍的部分项目在落地过程中也是历经波折，在此，衷心感谢西安高新技术产业开发区房地产开发有限公司、西部机场集团有限公司、陕西沣西新城投资发展有限公司、西咸新区泾河新城产发置业有限公司、泾阳县城市投资有限公司、陕西际华园开发建设有限公司、西安市安居建设管理集团有限公司等企业对西北地区近零能耗建筑发展做出的贡献。

建筑设计发展到今天，绿色低碳已经是无法回避的话题，而其中人们的绿色意识是最重要的，这种意识需要融汇在建筑师的血液中，只有这样才能让设计更绿色、更具生命力。

近零能耗建筑的重要性不仅在于建筑的综合性能和能耗控制，还需要重点关注与平衡使用者的情感与生态的和谐。生态友好的公共空间，能让使用者有更好的空间体验，有益于人的身心健康，促进人与自然的和谐共生。

建筑的本质是建筑空间，它是时空艺术，更是承载人们生活的容器，是人们每天生活（工作）的场所，最终是要为使用者服务的。所以作者团队始终把以人为本、满足人的使用需求放在首位，将提升使用空间性能的健康舒适、绿色低碳、环境和谐共生作为建筑空间的设计目标。

在住房城乡建设领域提倡绿色低碳的大背景下，一些建筑设计的绿色路径还不够准确，甚至为了达到某个目标技术堆砌严重，时常会因为忽视建筑环境营造导致影响建筑的使用性能和空间品质；因为忽视建筑材料选择导致影响建筑的耐久性和可持续性；因为忽视建筑保养维护和施工细节保障导致影响建筑的长期使用和价值；因为过度追求建筑的外观导致影响建筑的功能性和实用性；因为没有合理预算导致影响建筑的顺利实施和质量达标。

高性能建筑不仅是应对气候变化的关键，还有助于创造宜居的未来环境，改善人的健康和生活质量。通过提供清洁的室内空气、自然采光、社区友好型设计和可持续交通，这些建筑为我们的身心健康提供支持。未来，我们可以期待更多的技术创新，使近零能耗建筑成为健康和可持续性的典范。

为了在西北地区更好地推广近零能耗建筑的设计理念和技术策略，我们结合已做项目，编写了《西北地区近零能耗建筑设计策略》一书。本书介绍了近零能耗建筑的设计原则、技术路径，并进行了案例分析，旨在为建筑师、设计师、工程师和建筑行业相关人员提供有益的参考。

　　很高兴我们团队能够在 2024 年出版《西北地区近零能耗建筑设计策略》一书，这是我们在绿色建筑步入高性能化发展阶段以来作者团队在绿色低碳设计和建筑技术研究的技术成果，也是团队这些年在该领域的一个工作小结。非常感谢中联西北工程设计研究院领导和同事们的鼓励和支持，感谢华盛建筑设计研究院和双碳技术研究院同人的坚持与努力，特别感谢在项目上给予支持的相关企业和业主朋友们，正是有了你们的鼎力支持，才能让一个个项目得以顺利落地和实施。感谢我们团队的每一位成员，正是你们的团结协作、专业贡献，才有了我们今日的成果，你们的真诚付出和努力也让整个建筑设计过程更加精彩、更有深度，让我们的工作更有回味。

　　希望本书的出版，能推动西北地区近零能耗建筑的发展，为建筑行业的转型升级和可持续发展做出贡献。同时，本书的编写和出版得到了众多专家、学者的支持与帮助，在此表示衷心的感谢。由于作者水平有限，书中难免存在不足之处，敬请广大读者批评指正。

倪欣

2024 年 1 月

CONTENTS
目 录

3. 案例分析 023

OVERVIEW

1. 概述

1.1　定义

1976 年，丹麦技术大学（Technical University of Denmark）的 Torben V. Esbensen 等对在丹麦使用太阳能供暖的房屋进行了理论和试验研究，首次提出"Zero Energy House"即"零能耗建筑（住宅）"一词。在随后的几十年里，关于零能耗建筑的研究逐渐增多、建造技术日益成熟。

由于"零能耗建筑"在建造过程中难度较大、成本较高，国际目前公认的、更为广泛的、更易实施的是"近零能耗建筑"。对于"近零能耗建筑"，各国定义不同。

我国于 2019 年颁布的《近零能耗建筑技术标准》明确了"近零能耗建筑（nearly zero energy building）"的定义，即"适应气候特征和场地条件，通过被动式建筑设计最大幅度地降低建筑供暖、空调、照明需求，通过主动技术措施最大幅度地提高能源设备与系统效率，充分利用可再生能源，以最少的能源消耗提供舒适的室内环境，且其室内环境参数和能效指标符合《近零能耗建筑技术标准》（GB/T 51350—2019）规定的建筑"。

1.2　背景

1.2.1　气候变暖

以 1901—2000 年这 100 年的平均温度作为基准，21 世纪以来，全球温度加快攀升，目前已增温近 1℃，气候变暖趋势确立。联合国环境规划署 (UNEP) 预测，如果持续现行碳排放政策，将导致 2100 年全球平均温度相对于工业化前水平上升 3.4~3.7℃，并持续上升。而温度的持续上升将带来更高的降水量、更频繁的极端天气和生态平衡的不可逆破坏。近年来，受温室效应加剧影响，全球多地自然灾害频发；永久冻土层解冻；冰川融化，海平面上升；气候分布异常，中国出现北涝南旱现象等。气候变暖问题必须得到全人类的重视。

数据统计显示，全球气候变暖趋势确立，一旦到达气候临界点，生态环境变化将不可逆转。气候临界点极端风险的研究表明，全球升温带来的影响并不是渐进、温和、逐渐累积的，而往往是不均衡、非线性甚至是激烈的。当升温到一定程度，维持地球气候平衡的一些临界点将被触发，引发难以预测、不可逆的突变和持久的影响。为应对全球变暖问题，联合国多次召开气候变化大会指出，全球变暖问题需要各国联合一同

面对。自 1995 年起，联合国气候变化大会每年在世界不同地区轮换举行。2015 年的《巴黎协定》对 2020 年后全球应对气候变化的行动作出了相应的安排，明确了将升温控制在 2℃乃至努力控制在 1.5℃的目标，近 200 个缔约方共同签署了该项协定。2020 年 8 月，中国工程院院士钱七虎教授在第十六届国际绿色建筑与建筑节能大会的主题报告中明确指出，目前人类面对的最大挑战就是气候变化。气候变化的应对之策必然是推进绿色发展，实施生态大保护，建设绿色生态城市。

因温室气体排放造成的全球气候变暖问题已引发多种自然灾害，且到达临界点后会不可逆转！

1.2.2　能源危机

18 世纪工业革命以来，科学技术进步推动了人类社会的飞速发展，但也带来重大的环境问题与生态危机。20 世纪 60 年代末能源危机与 70 年代初环境革命的相继爆发，迫使人们开始意识到环境污染、资源消耗与能源短缺的巨大威胁，并由此催生了 20 世纪 80 年代对可持续议

题的实质性讨论，气候变化、温室效应与资源消耗等问题也逐渐成为全球性的关注热点。

近年来，全球能源危机形势越加严峻，欧盟在部分化石能源法案生效后，叠加气候等原因，导致一系列能源问题出现，欧洲电价出现了巨幅上涨；中国也遭受着气候变化带来的一系列影响，高温干旱的天气导致水力、风能等可再生能源发电量大幅度下降，让能源供给不足的问题雪上加霜。全球气候变暖、能源危机、能源结构之间的不平衡与错配进一步加剧了危机形势。

2023 年 2 月，住房城乡建设部公布了历时三年对全国范围的住房数量的详细调查和统计数据，结论是中国的房屋数量达到了 6 亿栋，其中包括商品房、小产权房屋、工业建筑、商业建筑、公益类建筑以及农村自建房等。伴随着我国城镇化的快速发展及人民生活水平的提高，未来城镇化率将从现在的 60% 上涨至 80% 以上，与发达国家持平。结合人均建筑面积与发达国家的差距，未来我国城乡建筑总量将可能达到 800 亿 m^2 以上。建筑面积的增加和室内环境需求的提升是能源消耗和碳排放增长的双重压力，如按既有趋势继续发展，则仅城市供暖空调、生活热水等民用建筑节能标准计算范围内的建筑碳排放峰值将

接近 20 亿吨二氧化碳。

我国现存房屋数量巨大，随着能源危机的不断加剧，降低新建建筑能耗以及控制既有建筑能耗已经迫在眉睫。

1.2.3 "双碳"目标

2020 年 9 月 22 日，在第七十五届联合国大会一般性辩论上，国家主席习近平向全世界郑重宣布中国二氧化碳排放力争于 2030 年前达到峰值，努力争取 2060 年前实现碳中和。此次中国在提出应对气候变化的目标时，既没有强调气候应对中不同国家共同但有区别的责任，也没有强调中国是发展中国家。作为全球第二大经济体，宣布碳达峰碳中和目标愿景彰显了我国携手各国积极应对全球性挑战、共同保护地球家园的雄心和决心。中国提出的实现碳中和目标比欧盟的 2050 年晚 10 年，相比 2016 年中国签署《巴黎协定》提出的"国家自主决定的贡献"，碳中和的承诺，标志着中国向绿色低碳迈出了革命性的一大步。实现碳达峰碳中和，是以习近平同志为核心的党中央统筹国内国际两个大局作出的重大战略决策，是着力解决资源环境约束突出问

题、实现中华民族永续发展的必然选择，是构建人类命运共同体的庄严承诺。

全球人为因素导致的气候变化，基本体现于产业、建筑、交通三大部分，且因国而异。根据国际能源署发布的《2020 年全球建筑状况报告》，2019 年源自建筑运营的二氧化碳排放约达 100 亿吨，占全球与能源相关的二氧化碳排放总量的 28%。加上建筑建造行业的排放，这一比例占全球与能源相关的二氧化碳排放总量的 38%。

近年来，中国政府抓节能减排的措施主要是调整产业结构、发展绿色交通、推广建筑节能并大力发展绿色建筑。在加快城镇化进程的过程中，据专家预测，最终城镇化率将达到 80% 以上，每年新建建筑面积 15 亿 ~20 亿 m²。总的趋势是产业与交通行业所占碳排放比例正在递减，而建筑业碳排放比例上升未来则可能达到 50% 左右。

从全球看，目前建筑行业贡献了碳排放总量的 40%，降低建筑碳排放，是实现碳中和目标的关键所在。

1.3　设计理念

近零能耗建筑设计应以降低建筑能耗和碳排放指标为核心，针对不同建筑类型量体裁衣，通过降低体形系数为控制能耗打好基础，采用自然通风、天然采光、可调节外遮阳、保温隔热性能更高的非透明围护结构、高性能节能外窗、无冷热桥设计、高气密性处理等被动式技术降低建筑用能需求，结合高效低耗空调冷热源系统、新风热回收技术、智能照明、节能电气、能源综合管理等主动式技术提高建筑用能效率，辅助可再生能源建筑一体化设计进行能耗补偿，最终实现近零能耗建筑诉求。

为实现这一目标，我们需从以下几个方面进行技术研究和创新：

1）建筑设计

包括建筑体形系数、建筑布局设计、建筑功能设计等创新技术的研究与应用。

2）节能技术

包括隔热、换热、气密性、通风系统等技术的研究与应用。

3）建筑材料技术

包括低能耗建材、环保材料、可再生材料等技术的研究与应用。

4）智能化控制系统

包括自动化控制、传感器监测、智慧家居等技术的研究与应用。

5）可再生能源利用技术

包括太阳能、风能、地热能等技术的研究与应用。

6）多学科协同设计创新

需要建筑、暖通、给排水、电气和室内环境学科的交叉与协同，才能实现近零能耗建筑的目标。

TECHNOLOGY ROADMAP

2. 技术路线

近零能耗建筑的实现，需在建造过程中对影响建筑能耗的因素进行逐项分析，通过性能化设计，对不同功能的建筑给出不同的节能措施。在此就各措施对建筑能耗的影响进行具体分析。

2.1　建筑布局对建筑能耗的影响

建筑布局是指建筑空间的组织和安排，包括建筑平面布局、空间布局、结构布局等。合理的建筑布局可以提高建筑空间使用效率，降低建筑能耗。

1）平面布局

建筑平面布局主要包括建筑的长宽比、形状等。合理的建筑平面布局可以减少建筑外表面积，降低建筑能耗。研究表明，建筑长宽比为1∶1.5左右时，建筑能耗最低。此外，建筑平面布局还应考虑建筑朝向、开窗方向等因素，以充分利用自然光、降低建筑照明能耗。

2）空间布局

空间布局主要指建筑内部空间的划分和利用。合理的空间布局可以提高建筑空间使用效率，降低建筑能耗。一方面，建筑内部空间应根据功能需求进行合理划分，避免过大或过小的空间浪费或增加能耗；另一方面，空间布局应充分利用建筑结构特点，提高建筑的自然通风、采光效果，降低建筑照明、空调等设备能耗。

3）结构布局

结构布局主要指建筑结构类型和结构材料的选择。合理的结构布局可以降低建筑材料消耗、提高建筑结构保温性能，从而降低建筑能耗。研究表明，建筑结构类型的选择对建筑能耗具有重要影响。例如，钢筋混凝土结构建筑的保温性能较好，能耗相对较低；而钢结构建筑由于材料导热性能较好，能耗相对较高。此外，结构材料的选择也对建筑能耗产生影响。例如，采用高性能保温材料可以提高建筑围护结构的保温性能，降低建筑能耗。

4）建筑宜与周围环境相协调，降低对环境的影响

例如，通过合理规划建筑的用地、绿化设计和雨水收集利用等，实现建筑与自然环境的和谐共生，减少能源浪费和环境污染。

2.2　体形系数对建筑能耗的影响

建筑体形系数是指建筑物外表面积与建筑体积之比，通常用符号 A/V 表示。建筑体形系数反映了建筑物的形状和尺寸对其能耗的影响，是建筑设计中的一个重要参数。建筑体形系数的大小取决于建筑物的平面形状、尺寸、高度、进深等因素。

1）对建筑围护结构能耗的影响

建筑围护结构是建筑能耗的主要组成部分，约占建筑本体能耗的 40%。

体形系数越大，建筑物外表面积相对于体积的比例越高，这通常意味着建筑物的形状较为扁平或表面积较大。这样的建筑空间利用率较低，因其外表面相对较多，内部有效使用空间相对较少，建筑能耗较高。

相反，体形系数较小，建筑物体积相对于外表面积的比例更高，建筑物的形状更加紧凑。这样的建筑空间利用率较高，因为内部空间更加紧凑，外表面相对较小，建筑能耗相对较低。

2）对建筑设备能耗的影响

建筑设备是建筑能耗的另一部分，约占建筑本体能耗的 50%。建筑体形系数对建筑设备能耗的影响主要表现在以下几个方面：

建筑体形系数与建筑体积成反比。建筑空间形状对建筑设备能耗具有重要影响。例如，长方体空间比圆形空间更容易实现空调、供暖等设备的均匀分布，从而降低建筑能耗。

3）降低建筑体形系数的技术措施

优化建筑平面布局是降低建筑体形系数、降低建筑能耗的有效措施。建筑设计应充分考虑建筑平面形状、尺寸、进深等因素，以实现建筑体形系数的优化。例如，可以采用矩形平面布局，减少建筑外表面积，以及采用分层布局，降低建筑空间体积。

2.3   围护结构热工性能对建筑能耗的影响

建筑能耗影响因素主要包括建筑布局、建筑围护结构和建筑用能设备三部分。其中，建筑围护结构热工性能作为影响建筑能耗的关键因素之一。

建筑外围护结构的热工性能主要是指建筑外墙、屋顶、窗户等部分对热量传递的阻隔能力，以 $K[W/(m^2 \cdot k)]$ 值表示。合理的建筑围护结构热工性能设计可以降低建筑能耗，提高建筑的舒适性。

2.3.1   对建筑能耗的影响

1）建筑围护结构材料热工性能

建筑围护结构材料热工性能对建筑能耗具有重要影响。导热性能低的材料具有良好的保温性能，可以降低建筑能耗。例如，岩棉、玻璃棉等保温材料导热性能较低，可以有效地降低建筑能耗。此外，建筑围护结构材料的热工性能还应考虑材料的耐久性、防火性等因素。

2）建筑构造热工性能

建筑构造对建筑热工性能具有重要影响。合理的构造设计可以提高建筑围护结构的保温性能，降低建筑能耗。例如，采用双层墙体、保温层、空气间层等构造措施，可以有效地提高建筑围护结构的保温性能，降低建筑能耗。

3）建筑施工质量对建筑能耗的影响

建筑施工质量对建筑围护结构热工性能具有重要影响。施工过程中应严格按照设计要求选择材料、施工工艺，确保建筑围护结构热工性能的实现。例如，施工过程中应注意墙体的垂直度、平整度，保证保温层的厚度均匀，以确保建筑围护结构热工性能的实现。

围护结构热工性能对建筑能耗有着显著的影响，通过对建筑外围护结构的优化和改进，可有效降低建筑能耗，提高能源利用效率。在设计过程中，我们注重选择高效保温材料，合理设计保温层厚度，采用具有良好隔热性能的屋面材料和窗户，以减少建筑能耗。

2.3.2   提高建筑围护结构热工性能、降低建筑能耗的措施

1）选择优质的建筑材料

选择优质的建筑材料是提高建筑围护结构热工性能、降低建筑能耗的关键措施。建筑设计应充分考虑建筑材料的导热性能、耐久性能、防火

性能等因素，选择合适的材料。

2）设计合理的建筑构造

设计合理的建筑构造是提高建筑围护结构热工性能、降低建筑能耗的重要措施。建筑设计应充分考虑建筑构造的保温性能，采用双层墙体、保温层、空气间层等构造措施，提高建筑围护结构的保温性能。

3）保证建筑施工质量

保证建筑施工质量是提高建筑围护结构热工性能、降低建筑能耗的关键措施。施工过程中应严格按照设计要求选择材料、施工工艺，确保建筑围护结构热工性能的实现。

2.4　建筑气密性对建筑能耗的影响

建筑气密性是指建筑围护结构在风压作用下不发生空气渗透的能力，即建筑外墙、屋顶、窗户等部位对空气渗透的阻隔能力。合理的建筑气密性设计可以降低建筑能耗，提高建筑的舒适性。建筑气密性主要包括以下几个方面：

1）建筑材料对气密性能的影响

建筑材料的气密性能直接影响建筑围护结构的气密性。选择气密性能好的材料可以提高建筑气密性，降低建筑能耗。例如，通过采用高质量的外墙材料和合理的施工工艺，可以提高外墙的气密性能。

2）建筑构造对气密性能的影响

建筑构造的气密性能指建筑围护结构在施工过程中的气密措施。合理的构造设计可以提高建筑围护结构的气密性，降低建筑能耗。例如，采用双层墙体、"气隙"、密封胶条等构造措施，以及选用高性能窗户等可以提高建筑的气密性能。

3）建筑施工质量对气密性能的影响

建筑施工质量对建筑气密性具有重要影响。施工过程中应严格按照设计要求选择材料、施工工艺，确保建筑围护结构气密性的实现。例如，施工过程中应注意墙体的垂直度、平整度，保证密封胶条的安装质量，以确保建筑围护结构良好气密性的实现。

2.5　新风热回收系统

新风热回收系统是现代建筑供暖、空调系统中一个重要的节能措施。

新风热回收系统是指在供暖、空调系统中，通过设备将新风与室内空气进行热交换，从而实现室内空气的温度调节以及室内外空气热量回收的系统。

新风热回收系统主要包括以下几个方面：

1）热回收器

热回收器是新风热回收系统的核心部件，其作用是实现新风与室内空气的热交换。热回收器可分为显热回收器和全热回收器两种类型，其中全热回收器具有较高的热回收效率。

2）新风处理设备

新风处理设备包括新风过滤器、新风加热器、新风冷却器等，用于处理新风，满足室内空气品质要求。

3）室内空气处理设备

室内空气处理设备包括风机盘管、空调机组等，用于处理室内空气，满足室内舒适性要求。

2.5.1　新风热回收系统对建筑能耗的影响

1）降低供暖能耗

新风热回收系统在冬季可以利用室内外空气间的温差，降低供暖能耗。例如，当室内温度高于室外温度时，热回收器将从室内空气中回收热量，使室外冷空气进入室内时已经预热，减少供暖负荷。

2）降低空调能耗

新风热回收系统在夏季可以利用室内外空气间的温差，降低空调能耗。例如，当室内温度低于室外温度时，热回收器将从室外空气中回收冷量，使室内空气进入空调机组时已经预冷，减少空调负荷。

2.5.2　提高新风热回收系统能效的措施

1）选择高效热回收器

选择高效热回收器是提高新风热回收系统能效的关键措施。高效热回收器可以提高热回收效率，降低新风处理过程中的能源消耗。

2）优化新风处理设备

优化新风处理设备是提高新风热回收系统能效的重要措施。合理选择新风过滤器、新风加热器、新风冷却器等设备，可以降低新风处理过程中的能源消耗。

3）合理配置室内空气处理设备

合理配置室内空气处理设备是提高新风热回收系统能效的关键措施。根据建筑物的实际需求，选择合适的风机盘管、空调机组等设备，可以降低室内空气处理过程中的能源消耗。

2.6　智能化控制系统

建筑设备的运行是影响建筑能耗的重要因素。智能化控制系统作为现代建筑中设备运行与管理的重要手段，对降低建筑能耗具有重要影响。智能化控制系统在现代建筑中发挥着越来越重要的作用。

智能化控制系统是指通过计算机技术、通信技术、传感器技术等手段，实现对建筑设备运行状态、环境参数等信息的实时监测、分析与控制，从而达到优化建筑设备运行、降低建筑能耗目的的系统。智能化控制系统主要包括以下几个方面：

1）数据采集与监控系统

数据采集与监控系统通过传感器、控制器等设备，实时监测建筑设备的运行状态、环境参数等信息，并将数据传输至中央处理器进行处理。

2）中央处理器

中央处理器对采集到的数据进行分析、处理，并根据既定的控制策略，生成控制指令，发送至建筑设备执行。

3）建筑设备

建筑设备包括供暖、空调、照明、电梯等，通过接收中央处理器发出的控制指令，实现设备的自动控制与优化运行。

2.6.1　利用智能化控制系统降低建筑能耗的方法

1）设备运行优化

智能化控制系统可以通过实时监测建筑设备的运行状态，分析设备的运行数据，实现设备的自动控制与优化运行。例如，在空调系统运行过程中，智能化控制系统可以根据室内外温差、室内温度分布等参数，自动调节空调设备的运行模式，实现空调系统的节能运行。

2）环境调节优化

智能化控制系统可以通过实时监测建筑内部环境参数，自动调节建筑设备运行，实现室内环境的舒适控制。例如，在冬季，智能化控制系统可以根据室内温度、室外温度等因素，自动调节供暖设备运行，实现室内温度的舒适调节，降低建筑能耗，夏季亦然。

3）建筑能耗管理

智能化控制系统可以对建筑能耗进行实时监测与管理，为建筑节能提供数据支持。例如，通过实时监测建筑设备的用电量、用水量等参数，发现异常能耗情况，及时进行处理以降低建筑能耗。

2.6.2   提高智能化控制系统能效的措施

1）选择高性能的传感器与控制器

选择高性能的传感器与控制器是提高智能化控制系统能效的关键措施。高性能的传感器与控制器可以提高数据采集的准确性，为智能化控制系统提供准确的数据支持，实现建筑设备的优化运行。

2）优化中央处理器性能

优化中央处理器性能是提高智能化控制系统能效的重要措施。通过采用高性能的中央处理器，可以提高数据处理速度，缩短控制响应时间，实现建筑设备的快速、准确控制。

3）完善智能化控制系统集成

完善智能化控制系统集成是提高智能化控制系统能效的关键措施。通过将智能化控制系统与建筑设备、建筑管理系统等进行无缝集成，实现设备运行、环境控制、能耗管理等方面的协同优化，降低建筑能耗。

2.7　多学科协同设计

多学科协同设计是现代建筑设计的重要发展趋势。

近零能耗建筑作为一种新型的绿色建筑，旨在实现建筑能耗的显著降低，甚至达到零能耗。多学科协同设计作为一种现代建筑设计的重要方法，可以将不同学科的知识、技术、方法有机地结合在一起，为近零能耗建筑设计提供有力支持。

2.7.1　多学科协同设计

1）跨学科团队

多学科协同设计需要组建一个跨学科的设计团队，包括建筑师、结构工程师、设备工程师、能源专家、环境专家等，共同参与建筑设计过程。

2）知识整合

多学科协同设计要求团队成员充分交流、分享各自领域的知识、技术、方法，实现知识整合。例如，建筑师可以提供建筑形态、空间组织等方面的知识，结构工程师可以提供结构体系、材料性能等方面的知识，设备工程师可以提供暖通空调、给排水等方面的知识，能源专家可以提供节能技术、能源利用等方面的知识，环境专家可以提供环境影响、生态平衡等方面的知识。

3）协同设计

多学科协同设计需要团队成员在设计过程中密切合作，共同解决问题，实现设计目标。例如，建筑师可以与结构工程师、设备工程师共同探讨建筑形态、空间组织等方面的问题，确保建筑的可行性；建筑师可以与能源专家、环境专家共同探讨建筑节能、环保等方面的问题，确保建筑的绿色性能。

2.7.2　多学科协同设计优势

1）优化建筑形态与空间组织

通过多学科协同设计，可以优化建筑形态与空间组织，降低建筑能耗。例如，建筑师可以与结构工程师、设备工程师共同探讨建筑体形系数、开窗面积等方面的问题，降低建筑能耗。

2）采用高性能建筑材料与构造

通过多学科协同设计，可以采用高性能建筑材料与构造，提高建筑能效水平。例如，建筑师可以与结构工程师、材料工程师共同探讨建筑材料的保温性能、耐久性能等方面的问题，选择合

适的建筑材料；建筑师可以与设备工程师、结构
工程师共同探讨建筑构造的气密性能、保温性能
等方面的问题，实现建筑的高效节能。

3）利用可再生能源与高效能源系统

通过多学科协同设计，可以充分利用可再生
能源与高效能源系统，降低建筑能耗。例如，建
筑师可以与能源专家、设备工程师共同探讨太阳
能、风能等可再生能源的利用，以及高效能源
系统的配置等问题，实现建筑的零能耗或近零
能耗。

2.8　可再生能源利用系统

近零能耗建筑深受可再生能源技术的影响，其能源效率和经济可行性得到了显著提高。通过利用太阳能、风能、水能等可再生能源，建筑能自给自足地满足能源需求，降低对传统能源的依赖。创新的可再生能源技术提高了能源利用效率，同时对环境保护起到了积极作用。此外，可再生能源利用技术还有助于减少对自然资源的消耗，保护生态环境。

在建筑设计与建造过程中，采用各类可再生能源，研究团队成功研发了关键技术，提高了建筑可再生能源替代率。例如，研究团队研发了一种高防水、防火、防积灰的绿色能源综合方案，结合光伏发电、储能、直流配电和柔性用电技术，解决了城市电网消纳问题，实现了建筑与电网的平衡互动。

经过多年研究，研究团队发现浅层（100~200m）土壤源热泵系统具有能源稳定、环境影响小、效能高、安全可靠等优点，适合在西北地区推广。中深层（2000~3000m）无干扰地热清洁能源供热系统实现了井下换热，具有多项优势。如单井换热量大、热泵能效高、取热稳定、地温恢复快等，适宜作为新型城镇化的清洁供热热源，对于推进北方地区清洁取暖、改善大气环境、实现"双碳"目标具有重大应用价值。研究

团队通过多年的试验测试和数值模拟，证明了浅层土壤源热泵系统在西北地区的适用性。这种系统具有能源持续稳定、环境影响小、效能高、安全可靠等优点，对于满足西北地区冬季供暖和夏季制冷需求具有较高的推广价值。

此外，中深层无干扰地热清洁能源供热系统也展现出了巨大的潜力。这种系统实现了"取热不取水"的井下换热方式，在中深层地热能源的开发和利用过程中，环境影响较小、占地面积较小、钻井施工周期短、供热运行费用低，具有显著的节能环保效果。

综合利用可再生能源技术，如光伏发电、储能、直流配电和柔性用电技术等，近零能耗建筑不仅能降低能源开支，还能实现建筑与电网的平衡互动。这种互动有助于解决电力负荷峰值突出问题以及未来与高比例可再生能源发电相匹配的问题。

通过整合各类可再生能源技术，研究团队为近零能耗建筑提供了全面的技术支持。这些技术不仅在环境保护、能源效率方面具有显著优势，还在经济可行性方面展现出巨大潜力。随着技术的不断创新和发展，可再生能源在建筑领域的应用将越来越广泛，助力我国实现"双碳"目标，推进新型城镇化高质量发展。

CASE ANALYSIS

3. 案例分析

3.1 沣西新城绿色零碳游泳中心

建筑类型：体育建筑

地理位置：西安沣西新城

设计时间：2021 年 1 月

建成时间：2022 年 6 月

建筑面积：10610.01m²

设计单位：中联西北工程设计研究院有限公司

建设单位：陕西沣西新城投资发展有限公司

3.1.1 项目简介

3.1.1.1 项目概况

沣西新城绿色零碳游泳中心位于陕西省西安市西咸新区沣西新城，既作为沣西中小学的配套教学用房使用，又与相邻风雨操场体育馆一起提供运动健康等课程，同时也可在空闲时间面向社会开放，成为大众游泳健身场所。

该项目规划用地面积为 21150.1m²，建筑基底面积为 6476.9m²，总建筑面积为 10610.01m²。游泳馆由泳池区和辅助区两部分组成，3600m² 的通高泳池区，由 50m 标准长池（池深 1.4~ 1.8m）、25m 标准短池（池深 1.1~1.3m）、儿童戏水池（池深 0.6m）、热水池（池深 0.6m）组成，辅助区设局部二层，其中一层为泳池配套的淋浴、更衣等辅助空间，其中男更衣柜 600 个，女更衣柜 400 个；二层为 2700m² 健身中心。项目设 1400m² 地下室，主要功能为设备层。

3.1.1.2 项目特点

传统的游泳馆有其弊端与设计痛点：空间相对封闭，潮湿闷热，体验感差；冬季缺少阳光，温差大，舒适度低；恒温水池能耗大，水资源利用率不高；采用传统能源方式，碳排放量高；建

筑运营维护成本高等。

基于游泳馆惧冷、惧湿、不惧热且可以利用自然通风的特点，团队在设计之初就确定了被动式技术优先的技术路径，即以体型、构造、遮阳等被动式技术改善游泳馆的物理环境，巧妙利用具有可调外遮阳功能的天窗和幕墙在冬季营造出阳光房效应，利用蓄热解决部分采暖问题；通过南向可开启幕墙、屋顶可开启天窗以及北向可开启高窗在春、夏、秋季节强化自然通风，解决部分除湿和制冷问题，让场馆空间在春、夏、秋季节的大多数时间室内环境模拟自然且呼吸可控，从而彻底回避空调的高能耗，同时具有良好的运动体验感；运用中深层地热能技术解决冬季采暖、泳池水加热、淋浴水加热等用能问题，采用光伏建筑一体化技术抵消建筑运行能耗及碳排放，并辅助装配式建造、海绵城市等其他低碳节能技术体系，在不需要对围护结构加大建设投入的情况下，即可达到近零能耗设计诉求。最终将项目打造成为全国首个装配式近零能耗游泳馆，实现了建筑运行阶级的零碳排放。

3.1.2 设计策略

设计团队在"以人为本"为核心的设计理念下，摆脱运动场馆封闭化的传统设计模式，关注游泳者的身心愉悦和光随影动的运动体验感。结合游泳馆建筑功能特性，设计团队不再一味追求极致节能，而是追求在清洁能源利用率下的健康舒适、能源效率、环境友好并可持续之间的平衡。

3.1.2.1 被动性策略

1）模拟室外空间的光影设计

追求室内场馆空间的仿自然属性，追求运动中人的身心愉悦感，追求光随影动的自然水域的水下运动体验感，彻底摆脱运动场馆的传统模式。

冬季充分利用阳光房的集热效应，确保阳光覆盖泳池八条泳道，最大限度地让太阳辐射得热被泳池空间存储。图 1 为日照分析图。

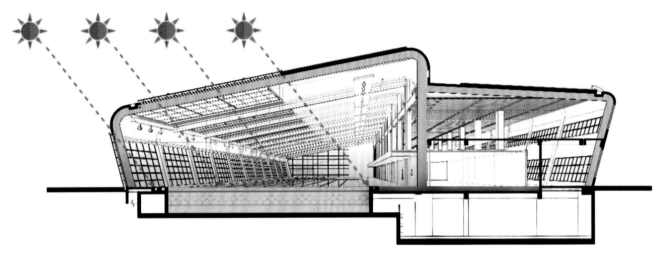

图1   日照分析图

2）追求自然通风自我感知、自然呼吸的水域体验感，追求低能耗、高品质的空气质量、创造健康的建筑环境是设计团队的初衷

根据游泳馆的使用属性，采用被动式的自然通风方式，追求场馆中清风拂面的仿自然水域的舒适体验，追求建筑的可呼吸性能。

在泳池区域南侧幕墙、二层北侧高窗及屋顶天窗部位均设置电动开启窗，使室内形成穿堂风，最大限度地利用自然通风消除室内余热余湿，根据天气变化，通过调节外窗的开启面积来调节室温，冬季闭窗储能蓄热，充分利用太阳能得热来降低供暖能耗。图2为通风分析图。

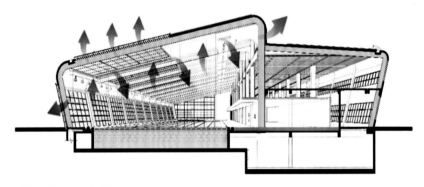

图2   通风分析图

3）会呼吸的室内环境

通过被动式呼吸阳光房、强化自然通风设计、可调节外遮

阳等被动式技术措施，解决不同季节的建筑能耗问题。图3为首层平面布置图。

（1）冬季

通过日照模拟分析确定项目最优的朝向布局，采用"温度分区法"进行平面空间布置，结合精心设计的透光斜屋面采光体系和利用阳光房的集热效应，确保冬至日阳光覆盖泳池八条泳道，最大限度地让太阳辐射得热被泳池空间和泳池水存储，可大幅提升游泳馆的室内环境温度和舒适度并降低采暖系统能耗需求。

由中深层地热能提供的低温地板辐射采暖系统解决大部分冬季采暖能耗，由除湿热泵空调机组解决极端天气的热湿能耗，最终形成被动式技术优先的建筑供暖系统。

（2）夏季

在泳池区域南侧幕墙、二层北侧高窗及屋顶天窗均设置电动开启窗，开窗面积比超过50%，形成穿堂风，夏季将开启窗全部打开，将游泳馆变成室外空间。

通过室内风环境模拟分析得出馆内夏季自然通风换气次数达19次/h以上，可消除室内余热余湿及有毒氯气。

通过强化自然通风措施可替代游泳馆夏季空调系统，达到游泳馆夏季空调零能耗诉求。

同时在屋顶天窗和南向玻璃幕墙外侧设电动遮阳系统，夏季南向外窗和天窗开启时遮阳也同步开启，主要目的是防止夏季太阳直射辐射过强影响室内舒适度。

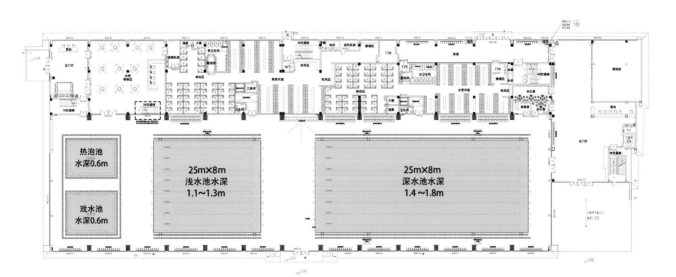

图3　首层平面布置图

（3）春秋季

西安地区春秋季节气温多变，游泳馆可灵活利用场馆的电动外窗和遮阳系统完成有组织自然通风换气以解决场馆的热湿能耗。

在室外温度较高时开启电动窗强化自然通风和打开遮阳系统防止太阳直射；在室外温度较低时可在闭馆时开启电动窗系统进行夜间通风除湿，清晨时关闭电动窗系统和遮阳系统进行集热蓄热以达到室内的温度需求；对少量没有消除的湿气所产生的结露露水，利用斜屋面进行有组织收集，从而达到过渡季节的空调零能耗目标。

3.1.2.2　舒适健康

1）高标准光舒适的室内环境

为防止夏季太阳直射辐射过强，项目在南向幕墙和屋顶天窗部分均设置了可调节的电动遮阳帘。外遮阳设计与主体建筑结构可靠连接，连接件与主体结构之间采取阻断热桥处理措施。项目追求波光粼粼、水波荡漾、光随影动的空间氛围，追求人在水中畅游、追随光影的美好效果。

2）温度与湿度的控制

（1）春秋季。首先利用游泳馆空间的可呼吸性能，依靠有组织自然通风换气的场馆自然呼吸系统除湿（极端天气除外）。当室内空气温度 ≤ 28℃时，关闭外窗；当室内空气温度 ≥ 35℃时，逐步开启外窗。

（2）夏季。开启电动窗系统通风、除湿、除热，在屋顶天窗和南向玻璃幕墙外侧设遮阳系统，在模拟室外环境的同时避免温度过热，增加室内的舒适度。

（3）冬季。关闭电动窗利用阳光房的集热效应，让阳光转变成热量被空间和池水存储，可大幅提升游泳馆的室内环境温度和舒适度，大幅降低传统供热系统的能耗需求。采用地敷采暖，可根据天气状况有选择地开启热泵空调系统送风除湿，最大限度地降低制热能耗。

3）水质的控制

泳池水处理工艺采用新型硅藻土过滤器代替传统砂滤系统，可有效节省设备房占地面积、降低反冲洗水排放量（节水约 70%），100% 省去混凝剂、除藻剂，且滤后水质能提高 5 倍以上，出水浊度可达 0.1NTU，可大幅提高池水水质和池水重复利用率，降低后期运行成本。

3.1.2.3　能源系统

量体裁衣式的建筑能耗策略：采用主动式建筑的核心能耗策略，即不追求极致节能，提倡健康舒适、能源效率与环境可持续之间的平衡。

1）游泳馆采用能效平衡策略

追求具有适宜性的外围护结构措施，规避高性能外围护结构指标下的过高造价成本，追求健康舒适下的能源效率平衡。

采用了简洁的体形系数、适宜的外围护结构指标、可调节的遮阳系统、严格的气密性及冷热桥处理措施。

2）多能互补的清洁能源策略

游泳馆能源系统采用多能互补形式，以中深层地热为主、空气源热泵为辅，加以太阳能光伏发电系统，在最大程度利用可再生能源的同时，降低了游泳馆对外电的使用量。

中深层地热不仅作为泳池区冬季地辐热系统热源、游泳池水加热系统热源，亦作为沐浴生活热水的预热系统，中深层地热热泵机组冬季 COP 值为 5.40，夏季 COP 值为 6.40，极大地提高了空调系统能效值。

游泳馆内泳池区设多功能除湿热回收热泵系统，通过能量的转移回收和综合利用，从而实现空调、除湿和池水加热，做到"一机三用"。

办公室、更衣室等辅助用房采用高效多联式热泵空调机组，机组制冷综合性能系数 IPLV 值高达 8.4~9.0。

在游泳馆屋顶敷设光伏板，面积 2800m²，25 年平均发电量 49 万度。用以补偿建筑外电用电量。

3.1.2.4　环境友好

作为一个近零能耗建筑，不仅要降低建筑能耗，也应关注建筑对环境的影响。

首先利用游泳馆建筑用水量巨大的特点，在室外设置 300m³ 收集水池兼顾收集雨水及泳池反冲洗、放空排水，解决屋面天窗清洁用水和场区绿化、道路浇洒用水。

其次采用装配式钢结构技术建造，高集成化、一体化、免湿作业的施工过程，装配率达 91.77%。

3.1.3　近零能耗建筑关键技术

3.1.3.1　围护结构热工设计

　　基于对游泳馆用能特点研究，依据拟定的设计理念和设计目标，本项目建筑设计路线分三步完成。首先，基于气候和场地，通过建筑朝向体形和空间布局设计，创造利用自然通风、自然采光、隔声降噪和生态共享的先决条件。其次，基于建筑体形和布局，通过集成选用与气候相宜的本土化、低成本技术，实现自然通风、自然采光、隔热遮阳和生态共享，提供适宜自然环境下的使用条件。最后，集成应用被动式和主动式技术，保障极端自然环境下的使用条件。图 4 为近零能耗策略分析图。

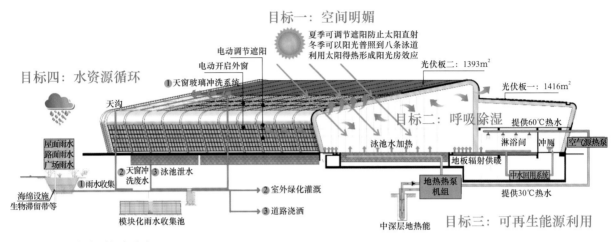

图4   近零能耗策略分析图

3.1.3.2   体形系数和窗墙比设计

合理的总体布局与体型设计是降低建筑使用过程中能源消耗的先决条件。

项目的整体规划采用了南北方向布置，根据建筑功能特点选择了单坡结构，其中南侧为泳池区，北侧为配套和健身区，在满足建筑功能需求的前提下，使得游泳赛道获得了面南的好朝向并形成了良好的采光和通风效果。

众所周所，建筑体形系统越小，供暖空调的负载越低。设计团队简化形体，合理降低单坡屋顶的角度（控制在10℃以内），并将建筑的体形系数控制在0.15，努力地降低围护结构的表面积，为建筑节能提供有利的先决条件。

3.1.3.3　围护结构及气密性设计

1）屋面及外墙

基于游泳馆的结构特点以及装配式诉求，项目屋面和外墙均采用集装饰、保温隔热一体化功能的装配式夹芯保温复合板系统。

装配式夹芯保温复合板系统内外板均采用高强度铝合金板，夹芯层采用保温高密度结构岩棉，封边采用断桥铝合金。内、外侧金属板之间无冷热桥，隔绝室内、室外热传导，达到较高的保温节能效果。每块板接缝处采用胶条与硅酮耐候密封胶密封，确保围护系统气密性，防止冷空气渗透。

通过模拟计算得出，采用 140mm 厚高密度结构岩棉的夹芯保温复合板系统可同时满足屋面传热系数 0.34W/（m²·K）、外墙传热系数 0.39W/（m²·K）的节能要求。屋面性能和外墙性能参数如表 1、表 2 所示。

表 1　屋面性能参数

材料名称（由上到下）	厚度 δ (mm)	导热系数 λ [W/(m·K)]	蓄热系数 S [W/(m²·K)]	修正系数 α	热阻 R (m²·K)/W	热惰性指标 D=R×S
铝金属板	1	—	—	—	—	—
岩棉带	140	0.045	0.632	1.10	2.828	1.966
铝金属板	1	—	—	—	—	—
各层之和	142				2.828	1.966
传热系数 K=1/(0.15+ΣR)	0.34					

数据来源：建筑专业施工图。

表 2　外墙性能参数

材料名称（由外到内）	厚度 δ (mm)	导热系数 λ [W/(m·K)]	蓄热系数 S [W/(m²·K)]	修正系数 α	热阻 R (m²·K)/W	热惰性指标 D=R×S
铝金属板	1	—	—	—	—	—
岩棉带	140	0.045	0.632	1.10	2.828	1.966
铝金属板	1	—	—	—	—	—
各层之和	142	—	—	—	2.828	1.966
传热系数 K=1/(0.15+ΣR)	0.34					

数据来源：建筑专业施工图。

2）幕墙 + 外窗

项目南向设置大面积幕墙，其余透明部分均为外窗，材料均采用断桥铝合金，外窗幕墙安装节点按照近零能耗建筑要求的断热桥安装法设计。幕墙、外窗性能参数如表 3 所示。

表 3　幕墙、外窗性能参数

构造名称	构造编号	传热系数	自遮阳系数	可见光透射比	备注
断桥铝合金（K_f=3.0）6mm 双银 Low-E+12Ar+6mm+12Ar+6mm	65	1.55	0.32	0.600	SHGC=0.28
断桥铝合金（K_f=3.0）6mm 双银 Low-E+12Ar+6mm+12Ar+6mm	83	1.55	0.32	0.600	SHGC=0.28

3）天窗

项目在泳池区屋面做可自动开启天窗系统，天窗材料选择断桥铝合金，天窗拼缝及安装节点按照近零能耗建筑要求的断热桥安装法设计。天窗性能参数如表 4 所示。

表 4　天窗性能参数

构造名称	构造编号	传热系数	自遮阳系数	可见光透射比	备注
断桥铝合金（K_f=3.0）6mm Low-E+9A+6mm+9A+6mm	65	1.88	0.33	0.600	SHGC=0.28

天窗外设置自动调节外遮阳，外遮阳设计与主体建筑结构可靠连接，连接件与主体结构之间采取阻断热桥处理措施。

3.1.3.4　空调系统设计

游泳馆室内设计温度：冬季≥ 26℃，夏季≤ 35℃。室内湿度要求：≤ 75%。室内空气中含有氯气，空调系统的通风量不仅要满足室内温湿度要求，亦要保证室内氯气浓度在安全范围内。

因此，游泳馆根据室内区域功能，分别选用地辐热供暖、除湿热回收热泵系统供暖供冷、VRV 系统供暖供冷。

1）除湿热回收热泵系统

游泳馆泳池区采用空调通风系统加地辐热系统，冬季当室内温度降至 26℃以下时，开启地辐热系统，当室内氯气浓度超过限值时，开启除湿热回收热泵系统。

除湿热回收热泵系统根据室外工况共有四种工作模式：

（1）恒温除湿模式。游泳池区温暖潮湿的空气流经除湿机，热量被吸收用于维持泳池水温恒定，在此过程中，一部分室内空气排至室外，另一部分空气被除湿后和新鲜空气混合，被送至室内，达到除湿的效果。

（2）夏季制冷除湿模式。泳池室区温暖潮湿的空气流经除湿机，冷凝废热被排放到室外；在此过程中，一部分室内空气排至室外，另一部分空气被除湿后和新鲜空气混合，被送至室内，达到降温除湿的效果。

（3）冬季舒适除湿模式。泳池室区温暖潮湿的空气流经除湿机，冷凝热量被回收利用；在此过程中，一部分室内空气排至室外，另一部分空气被除湿后和新鲜空气混合，被送至室内，达到除湿的效果。

（4）通风模式。泳池室区温暖潮湿的空气流经除湿机，一部分室内高湿空气被排至室外，另一部分高湿空气与室外低湿新鲜空气混合，被送至室内，达到除湿的效果。

2）变频多联式中央空调系统 + 全热回收新风机组

游泳馆北侧办公区和健身区采用变频多联式中央空调系统，共选用 5 台不同功率的变频多联式中央空调系统和 4 台全热回收新风机组。多联机的制冷综合性能系数 IPLV 值高达 8.4~9.0。

3.1.3.5　可再生能源利用

1）中深层地热能无干扰清洁供热技术

该游泳馆是一座集竞赛、教学和日常游泳健身于一体的体育场馆，内设四个泳池，池水总体量大，初次加热耗能集中，维持游泳池水温和洗浴用水加热需要消耗大量的能源，另外，维持游泳馆四季恒温也会消耗大量的能源，因此，如何解决这部分能耗是本设计的技术重点。

沣西新城拥有丰富的地热资源，是陕西省唯一中深层地热能建筑供热试点示范区，而中深层地热能无干扰清洁供热技术具有取热持续稳定、地温恢复快、环境影响低等特点，是零碳建筑最理想的能源利用方式。

项目利用沣西中深层地热热泵技术成熟可靠的优势，中深层地热能源站主机制热 COP 值达 5.89 以上，为项目提供热源，解决了 120kW 的冬季地板辐射供暖耗热量、1300kW 的泳池水首次加热耗热量、560kW 的泳池循环补水耗热量和生活热水耗热量。

2）低碳的太阳能光伏发电系统

项目借助游泳馆宽大平直的屋面，采用 BIPV 形式打造太阳能光伏发电系统。游泳馆屋顶光伏板面积达 4200m²，外加篮球馆屋顶 2800m² 光伏板面积。敷设贴合式高效光伏模块（薄膜发电），光伏发电电流汇聚在屋面的光伏逆变器中，输出 380V 交流电源，屋面逆变器通过电缆经桥架引至游泳馆地下一层电井内的总配电箱。

西安地区日照辐照量为 12027kJ/m²·d，

贴合式高效光伏模块可保证全年发电（弱光也可发电），经计算游泳馆屋面年发电量约为 50.52 万度，减碳效果显著。表 5 为太阳能光伏发电系统减排量计算表。

表 5　太阳能光伏发电系统减排量计算表

当年减排	减少二氧化碳排放量（kg）	减少标准煤（kg）	减少碳粉尘（kg）	减少二氧化硫(kg)	减少氮氧化合物（kg）
减排量	629788.40	252673.38	171817.90	18950.50	9475.25
累计运行 25 年减排	总减少二氧化碳排放量（t）	总减少标准煤（t）	总减少碳粉尘（t）	总减少二氧化硫（t）	总减少氮氧化合物（t）
减排量	15744.71	6316.83	4295.45	473.76	235.88

3.1.3.6　水资源利用与热水系统

西咸新区沣西新城属于降雨量小的缺水地区（年均降雨量约 641mm）。游泳馆用水量大，属于典型的高耗水建筑。且项目建设标准高、功能完善，同时拥有四个泳池，池水总体量约 2542m³，泳池日均补水量约 138.3m³，淋浴日用水量约 56.8m³。游泳馆废水多属于优质杂排水，具有水质好、处理简单、回收利用率高等特点。因此，合理通过雨水回收、中水回收、泳池水回用等措施能有效提高场馆水资源重复利用率，达到节水节能的目的，是本项目水资源利用方案的核心。

1）泳池节水循环系统 + 水质实时监测系统

泳池循环水处理采用硅藻土过滤器代替传统砂滤系统，有效减少浓水及反冲洗水排放，可最大限度提高游泳池池水循环利用率。节约水资源，降低泳池后期运行成本。

泳池池水消毒采用臭氧 + 长效氯制剂消毒模式，能在保证水质安全的同时最大限度地降低池水中的氯含量，提高泳池舒适度和游泳体验感。

游泳池净化处理设备设置水质实时监测系统，根据池水水质情况随时调节净化处理系统运行工况，能在保证池水水质的情况下，最大限度地降低循环净化设备的运行能耗，从根源降低不必要的能耗损失。

2）雨水回收系统

项目严格按照海绵城市理念进行设计，根据场地设计室外雨水回收系统，收集道路广场及屋面雨水，考虑综合径流系数及可收集率影响，可收集雨水量约 3511m³/a；还将项目泳池泄水（1424m³/a）及反冲洗水（810m³/a）、天窗冲洗废水（9620m³/a）纳入室外 PP 模块雨水收集系统（有效容积 300m³）中，经集成净化处理后供绿化道路浇洒用水（约 2555m³/a）、屋面天窗玻璃自动清洁耗水（约 962m³/a）以及为相邻学校操场草坪养护提供浇灌用水（约 678m³/a），提高了场馆整体水资源重复利用率，达到了节能减排和可持续发展的近零能耗建筑模式诉求。

3）中水利用系统

基于项目属于降雨量小的缺水地区，为进一步提高项目非传统水源利用率，结合项目特点，设计团队创新性地将游泳池淋浴废水（48.3m³/d）收集至室外 50m³ 中水处理系统，收集水经站房内一体化中水处理设备处理后由变频供水设备供场馆厕所冲洗用水（43.5m³/d）；中水重复利用率约 76.6%。最大限度地节约了水资源消耗并为项目提供稳定的非传统水来源。

4）天窗自洁循环系统

如何保证建筑天窗清洁是本项目另一个需要解决的问题。

游泳馆屋面设置大面积玻璃天窗，针对天窗形式和设置特点，设计团队在屋面设置了一套全自动控制天窗玻璃自清洁循环冲洗系统。利用收集的雨水和泳池泄水、反冲洗废水，经集成式雨水净化设备处理后，由全变频加压设备供天窗玻璃自清洁循环冲洗系统，在完美解决天窗玻璃清洗问题的同时，增加了建筑水景效果和夏季降温功能。冲洗废水经屋面排水系统回流至室外雨水

收集池，做到近 100% 重复循环用水，有效提高了非传统水源的利用率，展现了节水、节能、景观等多重绿建效果。

3.1.4   其他节能措施

设计团队所选灯具均为高效、节能型 LED 灯具，采用智能照明系统控制。在走廊、楼梯间等无人员长时间停留的区域，采用人体感应灯具，无人时设定为最低照度，有人时自动开启。

建筑用能设备均采用高效设备。电梯采用具

有节能拖动及节能控制方式的产品，且电梯具有休眠功能。水泵、风机等采用高效节能产品，并采用变频控制等节电措施。变电所选用低损耗、低噪声的 SCB13 节能型电力变压器。

采用全方位智能控制系统，包含空气质量监测系统、室外气象监测点、能耗监控系统、设备自控系统以及全光网络架构，力求在保证室内环境舒适的前提下最大限度地降低建筑能耗。

采用分项计量系统。对游泳馆泳池用水、卫生间和淋浴用水、雨水回收用水、中水系统用水分别进行远程在线计量和监测，同时对游泳馆照明用电、除湿热泵系统用电、多联式热泵机组用电、泳池水加热用电、淋浴热水用电、电动窗用电以及其他办公设备用电进行分项远程计量和监测。项目运行过程中通过以上分项计量数据进行分析可准确找到项目的资源消耗权重，重点对高能耗系统进行节能分析和诊断并提出对应管理措施，为最终降低建筑运行能耗提供依据。

项目通过热电阻温度传感器采集到当前游泳池中的水温，以串行数据 LED 数码管实现当时水温数据，最后同步至游泳馆服务系统。通过平台联动水温调控系统有针对性地进行当前泳池水温调控。

采用智能服务系统，以互联网 + 综合娱乐为目标，结合感知技术、互联网技术、电子支付等技术不断整合线上线下资源。整个平台提供包括票务预订、场馆预订、微信服务，使各方使用者能够在平台上享用一站式的服务，同时实现智能化的联动控制。

设置综合信息发布平台，在门厅前台处设置综合信息发布大屏，可将项目能耗监测系统数据、实时水温监测数据、太阳能光伏发电系统实时发电量数据以及室内外各项空气质量监控数据分类显示，形成一个直观的展示平台，让使用者能够清晰地了解项目的各种能耗参数和健康指标，成为沣西新城的又一个试点案例。

3.1.5　低碳的建造方式

本项目采用装配式钢结构技术建造，主体采用门式刚架结构，外墙、屋面采用金属面岩棉夹芯一体板外挂体系，夹层部分楼板采用预制叠合楼板，隔墙采用 ALC 轻质隔墙并做到竖向管线与墙体分离，采用全装修建造和干式工法施工，结合标准化设计、绿建三星、BIM 技术、总承包模式等措施，按照《陕西省装配式建筑评价标准》计算项目装配率可达到 91.77%。

3.1.6　沣西游泳馆运行说明

结合游泳馆使用特点，设计团队在设计时着

重考虑了电动窗在游泳馆运行过程中的作用。夏季部分时间和过渡季节，可通过幕墙、屋顶和侧高窗等电动窗强化自然通风，解决泳池区除湿和供冷问题。冬季关闭所有电动窗，利用阳光房效应解决泳池区部分供暖问题。

3.1.6.1 春、秋过渡季节

上午开馆前 1.5h 东、西侧幕墙和屋顶电动窗打开；开馆前 0.5h 全部关闭。

当室内气温 ≥ 27℃时，东、西侧幕墙和屋顶电动窗开启。

当室内气温 ≥ 30℃时，幕墙和屋顶电动窗全部开启。

3.1.6.2 夏季

上午开馆前 1h 南向幕墙和屋顶电动窗全部打开。

当室内温度 ≥ 30℃时，电动窗全部开启。

3.1.6.3 冬季

上午开馆前 1h 东、西侧幕墙和电动窗打开、开馆前 0.5h 全部关闭。

3.1.6.4 泳池换水期间

夏季和过渡季节：幕墙、屋顶电动窗和侧高窗全部打开，换水完成后关闭。

冬季：东、西侧幕墙上的电动窗打开，其余电动窗关闭；换水完成后关闭。

沣西新城游泳馆项目性能化设计成果

陕西省西咸新区沣西新城游泳馆项目获 2021 年中国建筑节能协会颁发的"近零能耗建筑"证书，这也是全国首个 AAA 级装配式近零能耗游泳馆。

建筑类型：体育建筑

地理位置：西安沣西新城

设计时间：2021 年 1 月

建成时间：2022 年 6 月

建筑面积：10610.01m²

建筑本体节能率：46.49%

建筑综合节能率：91.64%

可再生能源利用率：84.38%

3.2　天谷雅舍幼儿园

建筑类型：幼儿园

地理位置：西安高新区软件新城

设计时间：2019 年 10 月

建成时间：2022 年

建筑面积：7473.8m²

设计单位：中联西北工程设计研究院有限公司

建设单位：西安高新技术产业开发区房地产开发有限公司

3.2.1 项目简介

3.2.1.1 项目概况

高新·天谷雅舍项目位于西安市高新区软件新城核心区域，天谷四路以北，云水二路以西。项目两宗地块总用地面积约 97960.6m²，容积率 2.8，配套公建面积 16877m²，总建筑面积 42 万 m²，项目包含 16 栋超低能耗高层住宅、1 栋幼儿园、1 栋现代养老服务机构。

其中幼儿园为建设用地面积 7567m²、总建筑面积 5468.53m²，其 12 个班。建筑高度 16.7m，包含地下一层，地上三层；建筑结构类型为钢筋混凝土框架结构。

3.2.1.2 项目特点

高新·天谷雅舍项目是陕西省第一个被动式超低能耗的高端住宅区，其幼儿园为社区中的配

套，也是面向城市、对外的展示窗口。设计灵感源自能让人沉醉快乐的钢琴，建筑通过黑白相间的琴键体块的激情碰撞，营造出浪漫、活泼的空间氛围和建筑气质。同时从孩子的角度出发，注重安全、舒适、健康、环保、功能分区、色彩、照明、防滑与防噪、创意与趣味性等多方面因素，打造一座充分释放孩子天性的不拘一格的高品质幼儿园。

3.2.2　设计策略

幼儿园建筑应考虑充足的自然光线和空气流通，使整个建筑空间通透明亮。且幼儿体弱，室内温湿度应处于相对恒定状态，温差不宜随气候变化而变化过大。因此，建筑合理布局、采用高性能围护结构体系是幼儿园建筑首选。图1为近零能耗策略分析图。

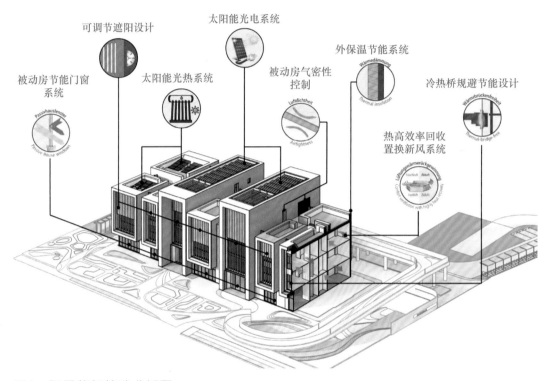

图1　近零能耗策略分析图

3.2.2.1　被动式建筑设计

为实现近零能耗建筑目标，设计团队根据幼儿园特点进行建筑平面总体布局、朝向、体形系数、开窗方式、采光遮阳、室内空间布局等被动式适应性设计，最大限度地降低建筑本体供暖供冷需求。

1）建筑平面布局

建筑布局坐北朝南，按体块自由组合、错落排列，像"积木"一样有趣，塑造一种活泼的建筑形象；整体设计简洁，建筑体形系数0.21，避免不必要的凹凸；建筑周边景观绿植精心设计，避免冬季行人吹冷风感，夏季形成绿树成荫的舒适区域，营造适宜的微气候。

幼儿园入口设家长等候区并设三层通高大厅，顶部天窗为室内带入随时间变幻的光影，中庭圆弧形旋转坡道将室内各层空间流线串为一体，空间灵动活泼。三层平面均将主要功能空间活动室设置在南向，将厨房、晨检室、保健室、教师办公室等设置在东西向及北向，平面布局考虑自然通风的利用，合理配置门外窗尺度，从而有效降低夏季和过渡季的空调能耗。

2）自然通风

建筑布局合理，可使建筑及其外部环境在夏季和过渡季能够有效利用自然通风。通过将建筑布局与景观设计相结合，降低了建筑之间行人区局部风速的放大系数，避免了冬季行人吹冷风感，同时在夏季形成绿树成荫的舒适区域。建筑单体室内平面布局充分考虑对自然通风的有效利用，合理布置门窗，便于室内形成穿堂风，从而有效降低夏季和过渡季的空调能耗。另外，中庭顶部天窗的采光设计，白天引入阳光，夜间通风散热，成为昼夜平衡的调蓄口。

3）自然采光节能

建筑本体朝向符合本地区最佳采光朝向，在满足规范及节能指标要求的前提下尽量采用较大面积外窗，提高室内采光，通过减少建筑进深、增加敞空间、增加南北立面开窗提高室内采光系数。

3.2.2.2　高性能围护结构体系

1）非透明围护结构

为实现近零能耗建筑能耗指标，围护结构需要较好的保温隔热性能，本项目外墙保温材料采用 250mm 岩棉板，屋面保温材料采用 220mm 厚高堆密度石墨聚苯板，实现了总体保温厚度有限的情况下最大可能降低了传热系数。在满足现行公共建筑节能标准的同时，全面达到寒冷气候区近零能耗公共建筑的指标要求。具体性能参数如表 1 所示。

表 1　非透明围护结构热工性能参数

名称	构造	传热系数 K [W/(m² · K)]
屋顶	水泥砂浆 25mm + 高分子卷材防水 7mm + 水泥砂浆 25mm + 1：6 水泥焦渣找坡层 30mm + 高堆密度石墨聚苯板 220mm + 钢筋混凝土 20mm + 石灰水泥砂浆（混合砂浆）20mm	0.14
外墙	水泥砂浆 20mm + 岩棉带 250mm + 水泥砂浆 20mm + 蒸压轻质砂加气混凝土砌块 200mm + 石灰砂浆 20mm	0.15
挑空楼板	水泥砂浆 20mm + 钢筋混凝土 120mm + 岩棉板 250mm + 水泥砂浆 20mm	0.19
采暖与非采暖房间隔墙	水泥砂浆 20mm + 蒸压轻质砂加气混凝土砌块 200mm + 石灰砂浆 20mm	0.76
外门	被动门，气密性 8 级	1.0
地下车库与供暖房间之间的楼板	水泥砂浆 20mm + 钢筋混凝土 120mm + 细石混凝土 40mm + 挤塑聚苯板（ρ=25~32kg/m³）80mm + 水泥砂浆 10mm + 钢筋混凝土 150mm + 岩棉板 100mm + 石灰砂浆 20mm	0.19

2）透明围护结构

幼儿园项目外窗及天窗均采用被动窗（边框铝包木，玻璃 5Low-E+16Ar 暖边 + 5Low-E+16Ar 暖边 + 5C）；外窗整体传热系数为 1.0[W/(m² · K)]；外窗产品的气密性等级 ≥ 8 级；外窗玻璃太阳得热系数 SHGC 值大于 0.45，可确保冬季尽量引入室外辐射得热，降低室内采暖负荷，同时不会大幅增加夏季制冷负荷。透明围护结构部分热工性能参数如表 2 所示。

表 2　透明围护结构热工性能参数

名称	构造	传热系数 K [W/(m² · K)]	太阳得热系数
外窗	被动窗（边框铝包木，玻璃 5Low-E+16Ar 暖边 + 5Low-E+16Ar 暖边 +5C）	1.0	0.46（冬季） 0.33（夏季）

3.2.2.3　外立面遮阳

项目在东西南三个方向外窗设置活动式外遮阳设施，考虑对当地的太阳高度角进行合理利用，可根据不同季节对遮阳构件的角度进行调节，以保证冬季室内达到最大的采光度，从而降低采暖能耗，夏季不但拥有良好的采光还应考虑防止太阳辐射热过多地进入室内，进而降低建筑的制冷能耗，达到节约能源的目的。图 2 为电动遮阳百叶节点详图。

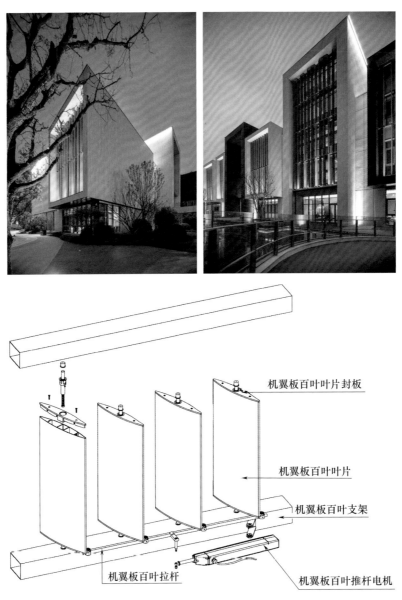

机翼板百叶叶片封板

机翼板百叶叶片

机翼板百叶支架

机翼板百叶拉杆

机翼板百叶推杆电机

图2　电动遮阳百叶节点详图

3.2.2.4   气密性措施

建筑气密性能对于实现近零能耗目标非常重要。良好的气密性可以减少冬季冷风渗透，降低夏季非受控通风导致的供冷需求增加，避免湿气侵入造成的建筑发霉、结露和损坏，减少室外噪声和空气污染等不良因素对室内环境的影响，提升建筑室内环境质量。

本工程建筑设计施工图中明确标注气密层的位置，保证气密层连续，并包围整个外围护结构。综合以上措施降低夏季非受控通风导致的供冷需求增加。图3为竖向气密层示意图。

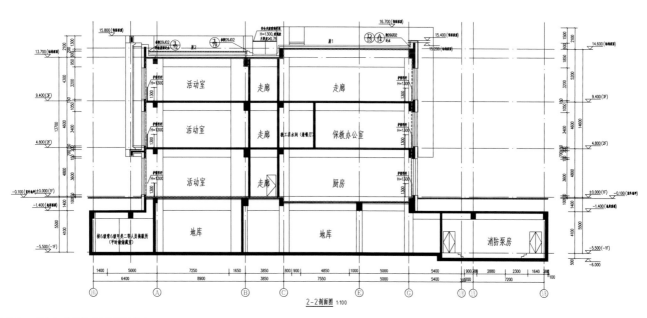

图3   竖向气密层示意图

3.2.2.5   断热桥处理

设计团队对建筑进行了全面系统的冷热桥专项设计，对易产生热桥的部位如对外结构性悬挑、延伸构件、外保温的铺贴及固定方式与固定锚栓、墙角处、穿墙管线洞口、外墙上固定龙骨支架等不同部位均采取相应的削弱或消除热桥的措施，以保证建筑整体尽量无热桥，最大限度地减少因热桥对建筑节能及舒适度的影响。

3.2.2.6　高效空调系统

1）空调系统

采用直流变速多联式中央空调系统，主机采用直流变速、变制冷剂流量空调系统，可根据房间负荷自动调节。多联机制冷性能系数 COP 为 3.65，制冷综合性能系数 IPLV 为 8.5，制热性能系数 COP ＞ 1.8，均满足节能标准要求，最大程度地降低了设备能耗。

2）热回收新风机组

室内设置集中式高效全热回收型新风换气机组，全热回收效率 75%，回收排风所带的冷（热）负荷，热回收机组单位风量耗功率为 0.19W/（m³/h），降低了新风系统能耗；系统设置高效率空气净化装置，PM2.5 过滤效率高达 95%，给所需场所提供满足卫生标准的新风，以更少的能源消耗提供舒适的室内环境。

3.2.2.7　其他节能措施

设计团队所选灯具均为高效、节能型 LED 灯具，采用智能照明系统控制。在走廊、楼梯间等无人员长时间停留的区域，采用人体感应灯具，无人时设定为最低照度，有人时自动开启。

建筑用能设备均采用高效设备。电梯采用具有节能拖动及节能控制方式的产品，且电梯具有休眠功能。水泵、风机等采用高效节能产品，并采用变频控制等节电措施。变电所选用低损耗、

低噪声的 SCB13 节能型电力变压器。

采用全方位智能控制系统，包含空气质量监测系统、室外气象监测点、能耗监控系统、设备自控系统以及全光网络架构，力求在保证室内环境舒适的前提下最大限度地降低建筑能耗。

3.2.2.8　太阳能利用

1）太阳能光伏发电系统

在幼儿园局部屋面设置光伏发电系统：设计团队采用 63Wp 多晶硅单面组件 400 块，平铺安装。总装机容量 25.2kWp。光伏电站就近并网，自发自用。25 年平均发电量约 2.21 万度。

2）太阳能热水系统

幼儿园热水系统采用集中式太阳能热水系统，供给幼儿园厨房及卫生间热水，太阳能热水系统设计产热量 6000L/d，出水温度 55℃。在幼儿园屋顶设置太阳能集热板 44.1m²，储热水箱 6m³，水箱辅助加热采用空气能，其制热量 45kW。

3.2.2.9　智能监控系统

幼儿园设置近零能耗建筑运行监测系统平台，对关键性指标，如电力用能、室内环境、太阳能热水、光伏系统、室外气象、建筑用水等进行长期实时监测，以评估能耗设计值与实际运行监测值之间的差距，实现建筑运行能耗节约最大化。

1）电力监测

安装电力使用的分类、分项要求。设置电耗计量装置，实现对建筑 VRV 主机、新风机、空调室内机和室内照明系统电力消耗的计量、汇总查询、在线监测和动态分析等功能。

2）室内环境监测

室内环境监测数据为室内环境温度（℃）、湿度（RH%）、PM2.5 浓度（μg/m³）、二氧化碳浓度（×10⁻⁶）和 TVOC（mg/m³）。

3）太阳能热水监测

使用超声波热量表监测太阳能热水系统的进出水温度、用水量和用热量。点位布置为：热量表主体安装于太阳能热水系统的出水管道上，蓝色标记的温度传感器安装于太阳能热水系统的进水管道上。

4）光伏系统监测

直接通信，监测光伏电站的发电情况。

高新·天谷雅舍幼儿园性能化设计成果

　　高新·天谷雅舍幼儿园项目获 2020 年中国建筑节能协会颁发的"近零能耗建筑"证书。

建筑类型：幼儿园

地理位置：西安高新区软件新城

设计时间：2019 年 10 月

建成时间：2022 年

建筑面积：7473.8m²

建筑本体节能率：58.2%

建筑综合节能率：61.8%

可再生能源利用率：12.3%

3.3　陕西泾阳城市规划展览馆

建筑类型：酒店建筑

地理位置：西安泾河新城

设计时间：2020 年

建成时间：2022 年

建筑面积：8600m²

设计单位：中联西北工程设计研究院有限公司

建设单位：泾阳县城市投资有限公司

3.3.1   项目简介

3.3.1.1   项目概况

陕西泾阳城市规划展览馆位于陕西省咸阳市泾阳县，滨河路以北、纵一路以西、纵三路以东，交通便利，环境优越。项目用地性质为商服用地，用地东西长约 198m，南北约 162m，净用地范围为 48.31 亩（约合 32206.67m²），为一个较为完整的矩形用地，整体场地条件较好，

有利于工程建设。展览馆占地面积 3220m²，总建筑面积 8600m²，建筑层数三层，建筑高度 18.85m，建筑结构为钢框架结构体系。

展览馆主要功能为三层城市展览，由东侧三层展厅及西侧二层辅助办公区组成。展厅内设三层通高花园，展厅围绕通高花园布置，有效地将绿化引入建筑内部。本项目展览馆承担着整个区域展览的功能，其功能和建筑形象不仅起到区域标识的辐射作用，而且向社会提供一个开放的创

意展览、公共空间。

3.3.1.2 项目特点

展览馆建筑本身具有极强的功能性需求。展厅空间要求相对封闭，侧墙允许开窗面积较小。此类建筑非常适合通过提高围护结构热工性能来降低建筑的本体能耗，因此成熟的被动式建造方式便成为首要选择。同时，展览馆建筑用水量较小且用水种类单一，本项目室外绿化环境相对充沛，且景观要求高，极易达到零水耗的节水目标。

3.3.2 设计策略

基于项目特点与现状，设计团队采用被动式技术优先、主动式技术优化的设计原则。即以被动式设计为核心，通过低体形系数、低窗墙比、有组织自然通风、高性能围护结构、断热桥、高气密性等被动式手段营造建筑物理环境，利用装配式建造技术降低建筑建设阶段碳排放，选择高效低耗的空调系统解决建筑采暖

制冷能耗，辅助光伏建筑一体化技术充分利用可再生能源，结合海绵城市技术以及非传统水源利用措施解决建筑用水消耗，最终将项目打造成为陕西泾阳第一个零能耗、零水耗的绿色节能建筑。

3.3.2.1　低能耗围护结构体系

本着被动式技术优先的设计原则，设计团队在展区等封闭空间采用高性能围护结构，在办公区采用自然通风、自然采光、太阳能得热等被动

式技术结合高性能围护结构设计。在保证室内环境舒适性的同时，最大幅度地减少了建筑运行能耗，也降低了对主动式机械供暖和制冷系统的依赖。

1）非透明围护结构

良好的保温体系是提高围护结构热工性能的必要条件，保温体系应完全包裹整个建筑，包括屋顶、墙体、底板或地下室顶板。保温体系的构造因气候而异。通常情况下，屋面的保温应优于墙面，墙面优于底板。具体性能参数如表 1 所示。

表 1　非透明围护结构热工性能

名称	构造	传热系数 K [W/(m² · K)]
屋顶	水泥砂浆 25mm + 高分子卷材防水 7mm + 水泥砂浆 25mm + 1：6 水泥焦渣找坡层 30mm + 高堆密度石墨聚苯板 220mm + 钢筋混凝土 120mm + 石灰水泥砂浆（混合砂浆）20mm	0.14
外墙	水泥砂浆 20mm + 岩棉板 250mm + 水泥砂浆 20mm + 蒸压轻质砂加气混凝土砌块 200mm + 石灰砂浆 20mm	0.18
挑空楼板	水泥砂浆 20mm + 钢筋混凝土 120mm + 真空绝热板（STP）30mm + 水泥砂浆 20mm	0.30
采暖与非采暖房间隔墙	水泥砂浆 20mm + 蒸压轻质砂加气混凝土砌块 200mm + 石灰砂浆 20mm	0.79
外门	被动门，气密性 8 级	1.0
周边地面热阻 R[(m² · K)/W]	水泥砂浆（1）20mm + 细石混凝土 40mm + 挤塑聚苯板（ρ=25~32kg/m³）160mm + 防水层 20mm + 水泥砂浆（1）20mm + 细石混凝土 50mm	4.97

2）透明围护结构

在寒冷气候区，传热系数 K 值 ≤ 1.0W/(m²·K)，太阳得热系数冬季 ≤ 0.3、夏季 ≥ 0.40 的三玻窗即可满足低能耗建筑的本体节能指标。在夏热冬冷气候区和温和气候区，低辐射的 Low-E 双玻窗在大部分情况下可满足低能耗建筑的本体节能指标。对于制冷需求为主的夏热冬暖气候区，双玻或三玻窗增加外遮阳后方能满足建筑本体节能指标。

被动窗、被动幕墙窗、双层呼吸式幕墙等采用被动式技术的外窗，在保证冬季室内最大采光度的同时，尽可能地降低了采暖能耗；在夏季不但拥有良好的采光、通风，还通过外遮阳系统，最大程度地阻止了太阳辐射热过多地进入室内，从而降低了建筑的制冷能耗，达到了节约能源的目的。本项目采用的透明围护结构热工性能参数如表 2 所示。

表 2　透明围护结构热工性能

名称	构造	传热系数 K [W/(m² · K)]	太阳得热系数
外窗	68 系列铝包木（K_f=1.3）6mm Low-E+12Ar+6mm+12Ar+6mm	1.2	0.310
幕墙	68 系列铝包木（K_f=1.3）6mm Low-E+12Ar+6mm+12Ar+6mm	1.2	0.310
天窗	断桥铝合金（K_f=3.0）6mm Low-E+9A+6mm+9A+6mm	1.88	0.330

3.3.2.2　外立面遮阳

　　透过外窗进入室内热量分为两部分：太阳辐射热和玻璃吸收太阳辐射后传入室内的热量。由于窗户的类型、太阳射入角及太阳辐射强度等因素，每扇外窗的太阳能得热都不同，因此对应的外遮阳形式也多种多样。

　　鉴于外遮阳系统的设置对夏季空调冷负荷的影响较大，展览馆在东面、西面、南面、屋面的围护结构，设计有固定窗、幕墙，双层呼吸被动幕墙以及透明采光天窗体系，均设置电动活动外遮阳；另外，中庭上空天窗配置可调节遮阳板系统能有效地遮蔽直射阳光，使中庭成为一个巨大的凉棚，在不影响空气流通的情况下，成为一个过渡空间，对工作空间起到良好的缓冲作用。加上外遮阳后外窗及天窗的太阳综合得热系数冬季 ≥ 0.45、夏季 ≤ 0.30。

　　通过逐时负荷计算得知，设置外遮阳系统后，该项目夏季空调冷负荷总量（kW·h）减少 14.67%。

3.3.2.3　气密性措施

　　良好的气密性可以减少冬季冷风渗透，降低

夏季非受控通风导致的供冷需求增加，避免湿气侵入造成的建筑发霉、结露和损坏，减少室外噪声和空气污染等不良因素对室内环境的影响，不仅可以提升建筑室内环境品质，对于降低建筑能耗也至关重要。

该项目的建筑气密性遵循《近零能耗建筑技术标准》（GB/T 51350—2019）关于气密性设计施工的要求。依据建筑不同功能单元、用能情况对建筑进行合理气密分区，进行气密性专项设计。在提升室内舒适度的同时，将热桥值和气密性指标带入能耗模拟计算，考虑热桥对建筑整体能耗的影响。建筑设计施工图中明确标注气密层的位置，气密层连续，并包围整个外围护结构。采用简洁的造型和节点设计，减少或避免出现气密性难以处理的节点。气密区及典型节点做法如图 1 所示。

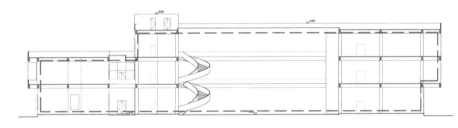

图1　建筑气密层示意图

3.3.2.4　断热桥处理

断热桥设计也是被动式技术措施的一个重要环节。断热桥设计的着重点在于对结构构件易产生的热桥部位进行特殊处理，以削弱热桥效应。断热桥设计的目的是保证维护结构保温层连续。

设计团队对结构构件易产生的热桥部位进行特殊处理，以削弱热桥效应。着重考虑的部位是：外结构性悬挑、延伸构件、外保温的铺贴及固定方式，固定锚栓、墙角处、穿墙管线洞口、外墙上固定龙骨支架等部件的做法，外门窗及其遮阳设施安装方式等。

3.3.3　高效空调系统

3.3.3.1　高效冷热源

该项目总冷负荷 445kW，冷指标 52W/m²；总热负荷 187kW，热指标 21W/m²。冷热源采用风冷涡旋式热泵机组，夏季制冷、冬季供热。冬季仅两台机组供回水温度为 45℃ /35℃，夏季供回水温度为 19℃ /22℃。制冷性能系数 COP=4.08，部分负荷性能系数 IPLV=4.60。

3.3.3.2　低能耗空调末端

由于展览馆各功能房间的室内设计温湿度、

使用时间、使用频度各不相同，围护结构的热惰性较强。本项目集中空调系统采用主动式冷梁＋新风热回收机组的温湿度独立控制空调系统。在房间不使用时空调系统仅送新风，当房间使用时开启冷风系统。分别控制、调节室内的温度与湿度，从而避免常规空调系统中热湿联合处理所带来的损失。该系统是降低能耗、改善室内环境、与能源结构匹配的最佳方式。

等变频调速运行，全热回收效率高达 70%，充分保证室内环境卫生需求。

3.3.4　太阳能光伏发电系统

设计团队在屋面日照充沛区域采用传统双晶硅发电板，在建筑墙身部分采用薄膜发电玻璃替代传统外墙材料，同时辅助汽车车棚等室外构筑设施。通过对不同光伏材料区别使用，以复合方式来解决建筑规模小、光伏板放置有限的不足，最大限度地提升建筑产能，具体发电量见表 3。

3.3.3.3　新风热回收系统

采用全热回收落地式新风调湿机，具有初中效两级过滤，PM2.5 一次净化效率大于 95%；机组可根据室内 PM2.5、CO_2 浓度和露点温度

表 3　太阳能光伏发电系统预估发电量

光伏板位置	材质	光伏板面积（m^2）	25 年平均年发电量（万 kW·h/a）
屋面	双晶硅发电板	2121	43.89
立面	仿石材碲化镉发电玻璃	586	2.27
室外构筑物	薄膜发电	1048	17.83
合计	—	—	63.89

该太阳能发电系统可以大大降低 CO_2，SO_2，NO_x 及碳粉尘的排放，具体数值见表 4。

表 4　污染物排放量减少值

名称	碳排放量减少值（25 年累计）
二氧化碳（CO_2）（t）	15925.33
标准煤（t）	6389.3
氮氧化合物（NO_x）（t）	239.60
二氧化硫（SO_2）（t）	479.20
碳粉尘（t）	4377.72

3.3.5　100% 非传统水源利用

　　本项目融合了当前先进的雨水管理技术和海绵城市建设理念，突破传统的"以排为主"的雨水管理理念，通过渗、滞、蓄、净、用、排等多种生态化技术，通过对屋面雨水、道路雨水、室外景观区域雨水的收集、储存、水质净化及回用，不仅消减了外排雨水总量，使得场地内径流总量控制率达到 85%，而且实现了 100% 非传统水源的利用。考虑到旱季时间的不可控性，避免一次性建造过大的地下蓄水池，并且提高蓄水池的利用效率，如遇极端特殊天气情况，临时采用商业补水手段，从而达到了常规气候条件下的零水耗技术诉求。图 2 为建筑零水耗技术示意图。

3.3.5.1　屋面的雨水收集

　　屋面雨水水质污染较少，径流量大，并且集水效率高，是雨水收集的首选。屋面雨水通过雨

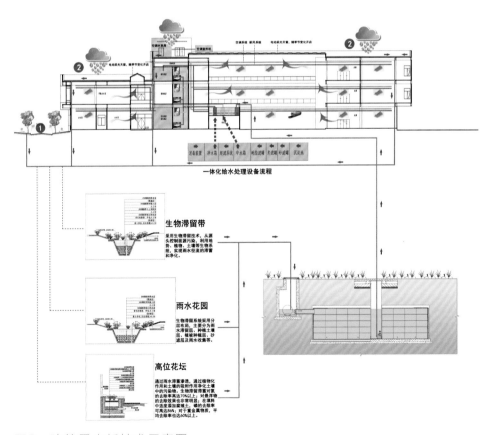

图2　建筑零水耗技术示意图

落水管断接接入高位花坛、植草沟等绿色设施，经下渗、吸收、穿孔盲管收集传输后，进入雨水回收系统。这种收集形式不仅结构简单、外形美观，而且具有降低初期雨水污染和减少径流总量的良好效果。

3.3.5.2　室外景观区域的雨水收集

室外景观区域的雨水收集主要采用植草沟、下凹式绿地、雨水花园、生物滞留带等生物滞留设施。生物滞留设施不仅可以渗透补充地下水，还可削减峰值流量、净化雨水，实现径流总量、径流峰值和径流污染控制等多重目标。生物滞留设施形式多样、适用区域广、易与景观结合，径流控制效果好，建设费用与维护费用较低。

3.3.5.3　生物滞留技术

生物滞留系统采用分层布局，主要分为雨水滞留层、种植土壤层、植被种植层、砂滤层及雨水收集等。通过雨水滞蓄渗透，通过植物化作用和土壤的吸附作用净化土壤中的污染物。生物滞留滞蓄对氮的去除率高达 70% 以上；对悬浮物的去除效果也非常明显；在填料中适度添加腐殖土，磷的去除率可高达 86%；对于重金属物质，平均去除率也达 60%。

3.3.5.4　雨水净化处理回用

展览馆卫生间给水水源为雨水，室外雨水蓄水池容积按本单体 50 天平均日用水量储存，有效容积为 100m³。雨水收集后经泵提升至设备间一体化处理设备，在用水低峰时间歇运行、自动化控制。

3.3.6　其他节能措施

3.3.6.1　高效节能电气设备

本工程所选灯具均为高效、节能型 LED 灯具，采用节能控制。主要照明采用智能照明系统，在展区内无人员时调节为设定的最低照度，达到节能要求。局部照明采用人体感应式灯具，在参观者靠近时自动开启，无人时自动关闭。主要照明与局部照明的不同控制方式在满足不同照明要求的同时可有效节能。楼梯间等无人员长时间停留的区域，采用人体感应灯具，达到节能要求。

建筑内均采用高效设备。电梯采用具有节能拖动及节能控制方式的产品，且电梯具有休眠功能。水泵、风机等采用高效节能产品，并采用变频控制等节电措施。变电所选用低损耗、低噪声的 SCB13 节能型电力变压器。

3.3.6.2　智能控制系统

采用空气质量监测系统，在展览馆公共区域、展厅及办公室设计布置温湿度、CO_2、PM2.5、PM10、TVOC 参数的多合一传感器与新风机进行联动。在室外设置气象监测点，对室外温度、湿度、PM2.5 浓度和太阳辐射度进行实时监测显示，为展览馆创建一个健康舒适的空气环境。

采用能耗监控系统，对展览馆水、电消耗进行监测，同时该系统还可显示太阳能光伏实时发电量等参数。通过对展览馆的能耗进行分类、分项精确计量，计量数据的统计与分析，达到提高节能意识实现有效节能的目的。

设备均采用自控系统，对展览馆的暖通空调、给排水、照明等系统进行分散控制、集中监视、管理，实现一体化控制、检测和管理，达到节约能源和人力资源的目的。

展览馆设计全光网络架构，全光网带宽升级布线简化实现一纤多业务，减少传统综合布线系统线缆复杂及传输距离受限等缺陷，实现架构高度集成化、运维维护便捷化的现代化智慧展览馆，给体验者更智能化的服务体验。

3.3.7 低碳的建造方式

展览馆采用高效、低能耗、低碳排放的装配式钢结构建造方式。楼板采用钢筋桁架楼承板，办公区隔墙采用 ALC 轻质隔墙并做到主要竖向管线与墙体分离，采用全装修建造方式，结合标准化设计、绿建三星、BIM 技术、总承包模式等措施，按照陕西省《装配式建筑评价标准》（DBJ 61/T 168—2020）计算，展览馆的装配率达到 76.7%，满足 AA 级装配式建筑标准要求。

陕西泾阳城市规划展览馆性能化设计成果

陕西泾阳城市规划展览馆项目获 2021 年中国建筑节能协会颁发的"零能耗建筑"证书，是陕西省第一个零能耗建筑。

建筑类型：展览建筑

地理位置：陕西泾阳

设计时间：2020 年

建成时间：2022 年

建筑面积：8600m²

建筑本体节能率：42.3%

建筑综合节能率：100%

可再生能源利用率：124.93%

3.4　泊跃人工智能产业园未来酒店

建筑类型：酒店建筑

地理位置：西安泾河新城

设计时间：2022 年 8 月

预计建成时间：2024 年 12 月

建筑面积：8879.16m²

设计单位：中联西北工程设计研究院有限公司

建设单位：西咸新区泾河新城产发置业有限公司

3.4.1　项目简介

3.4.1.1　项目概况

泊跃人工智能产业园未来酒店位于陕西省西咸新区泾河新城泾干片区湖滨三路以北、泾河四街以东、崇文新街以南、泾河三街以西，交通便利，环境优越。项目用地性质为商务办公用地，用地东西长约120m，南北约108m，净用地面积为12519m²，是一个较为完整的矩形用地，整体场地北高南低，坡道较缓。场地内规划总建筑面积77238.15m²，地上建筑面积57036.82m²，地上建筑为三层裙房结合东西双塔布置。

未来酒店设在泊跃人工智能产业园西塔部分。酒店大堂设在一层，客房设在4~12层，建筑结构为框架剪力墙结构体系。

3.4.1.2　项目特点

未来酒店具备多种功能，包括住宿、餐饮、娱乐、会议等。酒店定位为智慧无人酒店，即对

酒店内的室内环境、照明环境、门窗管理、网络及客控等系统进行智能化管理。

3.4.2　设计策略

　　未来酒店内不同空间有着不同的温度需求，客房的入住率变化幅度较大且在淡季和旺季相差甚远。酒店客房区域要求常年温度在 22~26℃。因此，设计团队采取被动式技术优先、主动式技术优化的设计原则，使酒店内部常年处于一个相对稳定的温度。场地内安装了太阳能发电系统，最大程度地降低了酒店在白天对外电的使用量。

3.4.2.1　高性能围护结构体系

　　高性能围护结构体系是被动式技术的首选。设计团队在结合体形系数、满足自然采光、满足过渡季节自然通风、分析投资成本和降低运行成本的基础上对围护结构体系进行优选。

1）非透明围护结构

项目的窗墙比为（南向 0.46、北向 0.47、东向 0.73、西向 0.74），可满足自然采光需求，开启后可达到室内自然通风要求，同时最大限度地降低了窗户的使用量。非透明围护结构热工性能参数如表 1 所示。

表 1　非透明围护结构热工性能

名称	构造	传热系数 K [W/(m²·K)]
屋顶	水泥砂浆 25mm + 高分子卷材防水 7mm + 水泥砂浆 25mm + 1：6 水泥焦渣找坡层 30mm + 高堆密度石墨聚苯板 220mm + 钢筋混凝土 120mm + 石灰水泥砂浆（混合砂浆）20mm	0.14
外墙	水泥砂浆 20mm + 岩棉板 220mm + 水泥砂浆 20mm + AAC 装配式外墙板 200mm + 石灰砂浆 20mm	0.24
挑空楼板	水泥砂浆 20mm + 钢筋混凝土 120mm + 真空绝热板（STP）30mm + 水泥砂浆 20mm	0.19
采暖与非采暖房间隔墙	水泥砂浆 20mm + 蒸压轻质砂加气混凝土砌块 200mm + 石灰砂浆 20mm	0.79
外门	被动门，气密性 8 级	1.0

2）透明围护结构

项目采用低 K 值、低辐射的 Low-E 双玻窗。在不开启空调系统的情况下，全年 85% 的时间内可满足室内温度要求。透明围护结构热工性能参数如表 2 所示。

表 2　透明围护结构热工性能

名称	构造	传热系数 K [W/(m²·K)]	太阳得热系数
外门窗	92 系列 UPVC 塑料被动式门窗 6mm 双银 Low-E+16Ar+5mm+12Ar+5mm	1.22	0.26

3）断热桥和气密性措施

本酒店位于建筑群的西塔楼，1~3 层是商业综合体，4~12 层为酒店客房，酒店大堂入口在一层。因此，酒店与非酒店区断热桥的处理方式和气密层的设置是设计团队着重考虑并解决的问题。

除常规断热桥做法之外，设计团队在酒店区与非酒店区的楼板下侧粘贴 100mm 厚岩棉板，外伸 1000mm 厚与屋面保温部位搭接，确保在不同外围护衔接结构部位消除冷桥。气密层具体位置如图 1 所示。

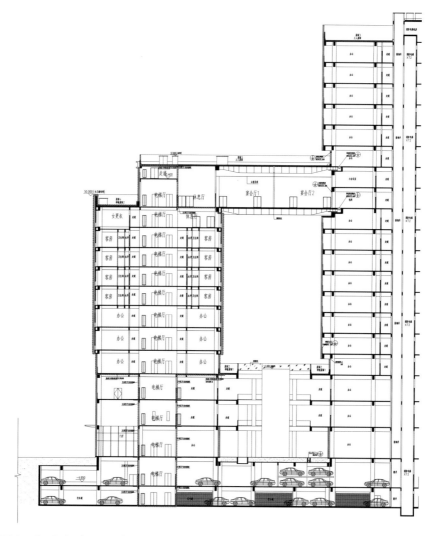

图1　竖向气密层示意图

3.4.2.2　可再生能源利用

1）高效冷热源系统

酒店位于建筑群的西塔楼，面积仅占园区总建筑面积的1/5。且酒店下部为商业裙房。设置酒店的独立冷热源相对困难且小型冷热源系统能效较低。

酒店的空调系统使用率最高在夜间，商业和写字楼空调系统使用率最高在白天。因此，设计团队利用园区内的能源站为酒店提供冷热源，即在不增加园区能源站装机容量的同时，提高了能源站的利用率。

园区能源站为中深层地热系统，选用3台中深层地源热泵机组。其中2台为双工况机组，夏季供冷、冬季供热；1台仅为供热工况机组。3口地热井，深度为2550m，2台冷却塔，主机COP值为6.0。

2）太阳能光伏系统

利用建筑物屋顶布置光伏组件。光伏板采用550Wp高效单晶硅双面组件，铺设角度为10°，竖铺布置，共计417块，总安装容量约为229.35kWp。25年平均发电量20.11万度。

3.4.3   数字智慧系统

智慧酒店并不是各种高技术的简单叠加，而是以人的优质体验为基础，给客户提供便捷、智慧、贴心的体验，是其智慧化的核心。酒店管理者可通过智能化系统充分将酒店的水、电、气、热、冷五大能源管控到透明化、数字化、智慧化的水平，从而赢得客户对酒店的满意度，让酒店管理者实现低碳、节能、智慧运维，成为新一代的智慧酒店。

通过配置酒店管理软件和移动客户端 App 软件，每位入住的客户均享有其客房居住期间的管控权限，在手机 App 即可实现酒店影音娱乐、环境监测、酒店服务、酒店餐饮、酒店引导、商旅服务、社交互动等服务。客户要续住或退房、预约车辆、紧急救援、呼叫前台时，可直接在酒店服务栏目进行操作处理，同时界面上还实时显示室内、室外环境健康指数，时刻关注客户居住环境，且提供清洁模式可供消费者预约打扫房间服务，时刻保持室内环境的卫生、干净整洁状况。

客户可在房间内通过语音控制灯具、电视等及空调、窗帘的开关，实现更便捷的智能生活。并且客户也可以通过客房 App，体验"一键智能调光调色"对灯光、颜色实现极致的调节，随时切换睡眠模式、休闲模式、阅读模式或舒适模式，实现个性化入住需求。

通过智慧能源管控、智能运维、智能后勤管控及 Ai 服务等，向立体数字化能源管控物联网方向推进，实现酒店的节能降耗。特别是通过提高空调效率，在遏制能源浪费和保障体验背景下，极致地把水电气热冷五大能源进行综合更新，真正推动酒店智慧化转型，打造智慧化、便捷化、科技化、前沿化的新型酒店。

3.4.4   其他节能措施

本工程所选灯具均为高效、节能型 LED 灯具，采用节能控制。主要照明采用智能照明系统，在展区内无人员时调节为设定的最低照度，达到节能要求。局部照明采用人体感应式灯具，在参观者靠近时自动开启，无人时自动关闭。主要照明与局部照明的不同控制方式在满足不同照明要求的同时可有效节能。楼梯间等无人员长时间停留的区域，采用人体感应灯具，达到节能要求。

建筑内均采用高效设备。电梯采用具有节能拖动及节能控制方式的产品，且电梯具有休眠功能。水泵、风机等采用高效节能产品，并采用变频控制等节电措施。变电所选用低损耗、低噪声的 SCB13 节能型电力变压器。

　　采用空气质量监测系统，在展览馆公共区域、展厅及办公室设计布置温湿度、CO_2、PM2.5、PM10、TVOC 参数的多合一传感器与新风机进行联动。在室外设置气象监测点，对室外温度、湿度、PM2.5 浓度和太阳辐射度进行实时监测显示，为展览馆创建一个健康舒适的空气环境。

　　采用能耗监控系统，对展览馆水、电消耗进行监测，同时该系统还可显示太阳能光伏实时发电量等参数。通过对展览馆的能耗进行分类、分项精确计量，计量数据的统计与分析，达到提高节能意识实现有效节能的目的。

　　设备均采用自控系统，对展览馆的暖通空调、给排水、照明等系统进行分散控制、集中监视、管理，实现一体化控制、检测和管理，达到节约能源和人力资源的目的。

　　酒店设计全光网络架构，全光网带宽升级布线简化实现一纤多业务，减少传统综合布线系统线缆复杂及传输距离受限等缺陷，实现架构高度集成化、运维维护便捷化的现代化智慧展览馆，给体验者更智能化的服务体验。

泊跃人工智能产业园未来酒店性能化设计成果

     未来酒店项目获 2023 年中国建筑节能协会颁布的"近零能耗建筑"证书，是陕西省第一个近零能耗酒店。

建筑类型：酒店建筑

地理位置：西安泾河新城

设计时间：2022 年 8 月

预计建成时间：2024 年 12 月

建筑面积：8879.16m²

建筑本体节能率：33.82%

建筑综合节能率：68.51%

可再生能源利用率：53.00%

3.5　西安际华园室内滑雪场

建筑类型：体育建筑

地理位置：秦汉新城

设计时间：2020 年

建成时间：在建

建筑面积：54028.06m^2

设计单位：中联西北工程设计研究院有限公司

建设单位：陕西际华园开发建设有限公司

3.5.1　项目简介

3.5.1.1　项目概况

西安际华园室内滑雪场项目自 2017 年开始设计，最初的设计只是一座普通的场馆建筑，但建造过程却一波三折，项目建建停停。2020 年业主将主要功能由滑雪场改为了滑雪场和国际真冰馆（短道速滑馆）两个部分，图纸面临重新调整。突如其来的设计变化给项目打造成高性能体育建筑带来了契机，尤其是场馆内造雪及制冰的维护能耗都很高，打造超低能耗建筑可以解决场馆淡季运营的能耗痛点。一个普通的 5.4 万 m² 的超大空间体育场馆做近零能耗建筑的难度及增量成本巨大，但滑雪场独特的构造特点和最佳角度的超高效光伏屋面给这个体育建筑带来了难得的有利条件，这座建筑的增量成本实际上与其体量相比是非常有限的，且最终这个迟到的冰雪世界赶上了执行国家"双碳"战略的最佳时机，项目因此被打造成了高性能的体育场馆，也是国内规模最大的近零能耗体育建筑。

3.5.1.2　项目特点

西安际华园室内滑雪场项目是集室内滑雪、

室内滑冰、运动休闲以及生活配套于一体的多功能大型场馆建筑，呈现出功能类型多、空间跨度大、结构超限复杂、性能需求差异大、运行能耗高等特点，如室内滑雪馆常年需要维持 –3℃的特定功能需求，综合训练馆、配套设施和室内真冰馆为不同温度需求区。因此，在满足不同功能需求的前提下最大限度地降低建筑能耗和控制建筑成本是该项目需解决的核心问题。

（1）复杂空间下多性能大型冰雪运动场馆空间设计。际华园项目室内滑雪场项目是集室内滑雪、室内滑冰、运动休闲以及生活配套于一体

的多功能大型场馆建筑，设计结合场地及滑雪场雪道特点，基于空间利用最大化原则，尽量减少大尺度场馆的空间特征对能耗的影响。

（2）针对不同空间、不同使用性能、不同温度环境因地制宜、量体裁衣地制定不同维护结构构造措施，通过对不同类型空间建立能耗模型，总结其量化指标和评价方法，做到经济性、高效性兼备。

（3）项目利用滑雪场主体接近 10° 倾角屋面及周边无遮挡的太阳辐射优势，项目采用了太阳能光伏建筑一体化设计，选用高效单面单晶硅

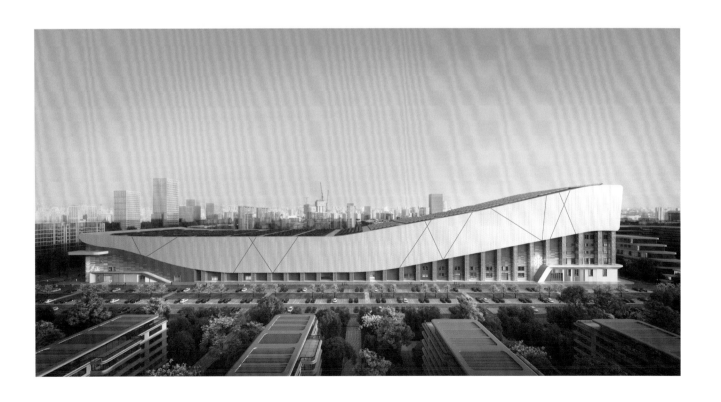

组件的太阳能光伏建筑一体化设计。

3.5.2　设计策略

　　基于滑雪场项目特点与现状，设计团队通过低体形系数和窗墙比为建筑能耗控制打好基础，针对不同功能需求量体裁衣，利用室内滑雪场的特殊大跨度结构体系形成的空间特点精心策划、合理布局，将主要功能空间划分为4个独立气密区以避免相互影响，结合极具针对性的围护结构设计和关键部位冷热桥设计降低建筑本体能耗，采用满足不同功能空间需求的高效空调系统降低建筑综合能耗，辅助条件极佳的屋面太阳能光电一体化系统提高可再生能源能利用率，最终解决项目不同功能空间的冷热需求问题、能耗问题以及成本问题，实现近零能耗建筑设计诉求。图1为滑雪场近零能耗设计策略。

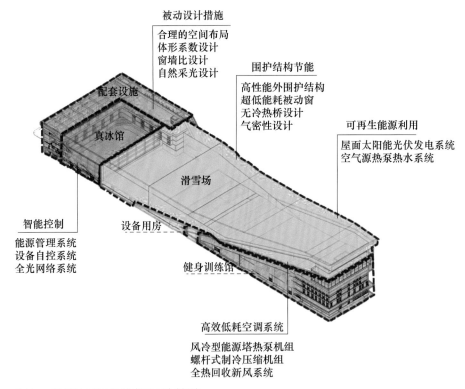

被动设计措施
合理的空间布局
体形系数设计
窗墙比设计
自然采光设计

围护结构节能
高性能外围护结构
超低能耗被动窗
无冷热桥设计
气密性设计

可再生能源利用
屋面太阳能光伏发电系统
空气源热泵热水系统

配套设施

真冰馆

滑雪场

智能控制
能源管理系统
设备自控系统
全光网络系统

设备用房

健身训练馆

高效低耗空调系统
风冷型能源塔热泵机组
螺杆式制冷压缩机组
全热回收新风系统

图1　滑雪场近零能耗设计策略

3.5.2.1 复杂空间下多性能大型冰雪运动场馆空间设计

针对滑雪场雪道特点，基于空间利用最大化原则，将多功能健身训练馆和设备用房布置在滑雪区下面，将真冰馆布置在滑雪区南侧，和滑雪区在功能上形成呼应，将配套酒店布置在项目朝向和日照最好的南侧，最终形成了既相互关联又相互独立的平面布局。

3.5.2.2 体形系数设计与窗墙比控制

建筑形体设计简洁，外墙长度在控制体形系数的同时还注意减少外墙的长度，避免建筑呈现不必要的凹凸。经过多次负荷及能耗分析，本建筑各朝向平均窗墙比不超过 0.05 时，可以保证不会由于建筑外窗玻璃面积过大带来的能耗增加，同时可以兼顾采光要求。

因此项目最终确定的建筑设计体形系数 0.10，小于严寒和寒冷地区体形系数规定的 $s \leqslant 0.40$。东、南、西、北向窗墙比分别为 0.05、0.01、0.01、0.03，有利于降低能耗，也便于节点设计，各朝向平均窗墙比 0.02，实现滑雪场节能及最优化设计。具体数据见表 1、表 2。

表 1 建筑体形系数计算表

外表面积	52510.27
建筑体积	545407.21
体形系数	0.10

表 2 建筑窗墙面积比计算表

	朝向	外窗面积（m²）	外墙面积（m²）	朝向窗墙比
窗墙比	东	242.96	4627.36	0.05
	南	62.82	5512.78	0.01
	西	128.52	9966.19	0.01
	北	298.17	10143.11	0.03
	合计	732.47	30249.44	

3.5.2.3 自然采光设计

滑雪场为特殊功能建筑，局部空间要求封闭，无自然采光需求。因此本项目在设计中着重考虑酒店部分自然采光。酒店服务区域增加开窗透光面积，以降低人工照明所带来的建筑能耗。

3.5.2.4 围护结构节能设计

建筑节能设计中最基本的策略是在保证舒适度的前提下，尽量提高建筑围护结构的保温隔热性能，以减少建筑对空调等用能设备的依赖。设计团队对滑雪场不同功能的使用空间进行了外围护结构差异化设计。

1）高性能围护结构

围护结构的热工性能是建筑性能的重要组成部分，外墙约占到建筑总传热量的 40% 左右。由于本项目功能较为复杂，热工性能差异较大，因此设计团队根据不同功能需求制定了多种保温隔热措施。围护结构保温体系采用高性能无冷热桥内胆式。具体数据见表 3。

表 3 围护结构功能及构造

房间功能	部位	构造
室内滑雪场	外墙 屋面	225mm 厚复合保温一体板 （50mm 厚岩棉、125mm 厚聚氨酯、50mm 厚硫氧镁板）
	地面	150mm 厚挤塑聚苯保温板
室内真冰场	外墙	280mm 厚复合保温板（AB 型）
	屋面	225mm 厚复合保温一体板 （50mm 厚岩棉、125mm 厚聚氨酯、50mm 厚硫氧镁板）
	地面	150mm 厚挤塑聚苯保温板
多功能训练馆	外墙	290mm 自保温砌块 +150mm 厚岩棉
	屋面	150mm 厚 XPS 板
	地面	150mm 厚挤塑聚苯保温板
配套设施区设备用房	外墙	290mm 自保温砌块 +150mm 厚岩棉
	屋面 1	150mm 厚 XPS 板
	屋面 2	250mm 厚岩棉板

2）超低能耗被动窗

窗户作为外围护结构保温的最薄弱环节，其能耗约占本体建筑使用能耗的 40%~50%。对于近零能耗建筑而言，常规的外窗设计已经不能满足其节能诉求，必须加以改善。因此，项目采用了节能性能更加优异的被动窗系统 [（5+12Ar+5Low-E+12Ar+5Low-E），其传热系数为 1.0W/(m²·K)]，玻璃遮阳系数 SC 为 0.32，可见光透射比为 0.60，气密性为 8 级，水密性为 3 级，抗风压为 5 级。

3）气密性设计

建筑气密性能对于实现近零能耗目标非常重要。项目的建筑气密性遵循《近零能耗建筑技术标准》（GB/T 51350—2019）关于气密性设计施工的要求。依据建筑不同功能单元、用能情况对建筑进行了合理的气密分区。共划分为 4 个独立的气密单元，分别为气密单元 1——酒店配套及设备用房区；气密单元 2——室内真冰场区；气密单元 3——多功能训练管区；气密单元 4——室内滑雪场区。其剖面图见图 2。

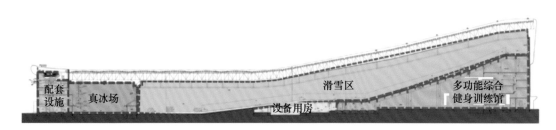

图2　建筑气密层剖面图

项目根据气密性设置原则，分别进行气密性专项设计，外侧防水铝板、抹灰层、硬质的材料板、气密性薄膜等相当于常规体系的防水透汽膜，内侧设防水隔汽膜，整体构成连续气密层。外窗气密性 N8 级，外门气密性 N6 级。外门窗与结构墙体间于室外侧采用防水透汽膜，室内侧采用防水隔汽膜粘贴密实，确保粘贴密实、无空鼓漏气现象。其他部位选择适用的气密性材料做节点气密性处理，如紧实完整的混凝土、气密性薄膜、专用膨胀密封条、专用气密性处理涂料等材料。对门洞、窗洞、电气接线盒、管线贯穿处等易发生气密性问题的部位进行节点设计。

4）断热桥设计

近零能耗建筑对于其围护结构热工性能的

设计提出了更高的要求，断热桥设计是被动式建筑设计的五大准则之一。项目在围护结构设计时，针对不同位置进行了消除或削弱热桥的专项设计。对易产生热桥的部位（如对外结构性悬挑、延伸构件、外保温的铺贴及固定方式，固定锚栓、墙角处、穿墙管线洞口、外墙上固定龙骨支架等部件的做法，外门窗及其遮阳设施安装方式）均设计相应的处理方式及节点做法，最大限度地减少了热桥对建筑节能及舒适度的影响。

3.5.2.5　高效空调系统

滑雪场项目室内功能复杂，且室内设计温湿度差异较大。室内滑雪场室温需要常年维持 –3℃，真冰馆室内温度 24℃，冰面温度常年保持在 –4℃，服务区和运动区室内设计温度为 20~26℃。不同区域对于室内空调末端的要求差异巨大，与之匹配的冷热源形式也大相径庭。

设计团队按照室内温度，将滑雪场和真冰馆分为暖区和冷区。根据不同需求给出不同的冷热源方案。

1）冷区

滑雪区全年室内设计温度 –3℃、相对湿度 ≤ 85% 时，冷负荷 435kW。项目采用两台螺杆式制冷压缩机组（一用一备）、额定制冷量 1024kW（含真冰馆工艺冷负荷 574kW）。载冷剂为体积浓度为 40% 的乙二醇水溶液。供液温度 –15℃、回液温度为 –10℃；冷却水进、出水温度分别为 30℃ /35。制冷机 COP=2.40。冷冻水泵、乙二醇溶液泵均采用一次泵变流量系统，负荷侧与用户侧均变流量运行。

2）暖区

由于服务区和运动区相距较远且业态有差异，因此，两个区域分别设置独立的冷热源机房。

服务区采用两套风冷型能源塔热泵机组，额定制冷量 630kW，额定制热量 450kW。夏季冷冻水供回水温度为 7℃ /12℃，冷却水进出水温度分别为 32℃ /37℃；冬季供暖热水供回水温度为 50℃ /40℃。塔侧进出乙二醇溶液温度分别为 –10℃ /–7.7℃，乙二醇溶液浓度 40%。能源塔夏季制冷工况下 COP=5.34，冬季供暖工况下 COP=2.92。

运动区采用两套风冷型能源塔热泵机组，额定制冷量 428kW，额定制热量 298kW。夏季冷冻水供回水温度分别为 7℃ /12℃，冷却水进出水温度分别为 32℃ /37℃；冬季供暖热水供回水温度分别为 50℃ /40℃，塔侧进出乙二醇溶液温度 分别为 –10℃ /–7.7℃，乙二醇溶液浓度 40%。能源塔夏季制冷工况下 COP=5.16，冬季供暖工况下 COP=2.86。

3.5.2.6　可再生能源利用

1）太阳能光伏发电系统

滑雪场项目拥有巨大的屋面，太阳能光伏发电系统唾手可得。

滑雪场屋顶面积 14000m²，可用于安装光伏板的面积可达 11200m²。因此，设计团队选用高效单面单晶硅组件，组件规格为 540Wp。可铺设光伏板 4418 块，装机容量为 2385.72kWp，25 年平均发电量约为 222.4 万度。

2）空气源热泵热水系统

运动场馆内洗浴用水必不可少。

在该项目中选择直热承压式空气源热泵热水系统。该系统为一次加热式热泵主机，辅助热源为容积式电加热器，储热水箱为模块化承压式水箱。采用同程机械循环形式，满足项目 24h 热水需求。

3.5.2.7　其他节能措施

本工程所选灯具均为高效、节能型 LED 灯具，采用智能照明系统控制。在走廊、楼梯间等无人员长时间停留的区域，采用人体感应灯具，无人时设定为最低照度，有人时自动开启。

建筑用能均采用高效设备。电梯采用具有节能拖动及节能控制方式的产品，且电梯具有休眠功能。水泵、风机等采用高效节能产品，并采用变频控制等节电措施。变电所选用低损耗、低噪声的 SCB13 节能型电力变压器。

采用全方位智能控制系统，包含空气质量监测系统、室外气象监测点、能耗监控系统、设备自控系统以及全光网络架构，力求在保证室内环境安全、舒适的前提下，最大限度地降低建筑能耗。

西安际华园室内滑雪场项目性能化设计成果

西安际华园室内滑雪场项目获 2022 年中国建筑节能协会颁发的"近零能耗建筑"认证。

建筑类型：体育建筑

地理位置：秦汉新城

设计时间：2020 年

建成时间：在建

建筑面积：54028.06m²

建筑本体节能率：31.33%

建筑综合节能率：99.86%

可再生能源利用率：93.53%

3.6　滦镇幼儿园

建筑类型：幼儿园

地理位置：陕西省西安市长安区

设计时间：2023 年 6 月

建成时间：在建

建筑面积：4730.55m²

设计单位：中联西北工程设计研究院有限公司

建设单位：西安市安居建设管理集团有限公司

3.6.1   项目简介

3.6.1.1   项目概况

滦镇幼儿园为长安区滦镇保障性租赁住房项目东侧二区新建幼儿园。项目位于陕西省西安市长安区滦镇青华路以南、新二路以东、滦镇东街以北、规划路以西。该幼儿园共三层，建筑高度 15.60m；项目为框架结构，基底面积 1559.97m²，建筑面积 4730.55m²，为 1 栋 12 班的幼儿园。

3.6.1.2   设计理念

设计团队以"更健康、更舒适、更低碳、更节能"的总体特色为设计宗旨，通过连续的室内外环境营造出浪漫、活泼、愉悦的空间氛围以释放孩子们的天性，通过可持续材料（竹木）打造的架空屋顶花园、室外旋转楼梯、空中活动乐园凸显适合儿童快乐成长的建筑气质，为孩子们营造一个轻松快乐、不拘一格的幼儿园——"童之巢"，寓意童年就要像小鸟一样快乐自由、轻松诗意以及无拘无束。通过可持续材料（竹木）打造架空屋顶花园、室外旋转楼梯、空中活动乐园凸显适合儿童快乐成长的建筑气质，为孩子们营造一个轻松快乐、健康舒适、不拘一格的高品质零能耗幼儿园。

3.6.2   设计策略

项目通过被动式技术优先、主动式技术优化、可再生能源辅助的技术路线实现人与自然、部分与整体、室内与室外的和谐共生；通过对建筑物朝向、外立面设计、体形系数、开窗形式、内部空间进行等合理设计增强建筑自然通风和自然采光，通过高堆密度石墨聚苯板屋面保温、岩棉外保温、三玻两腔被动窗、可调节外遮阳、断热桥及气密性设计等被动式技术降低建筑物冷热负荷

的同时实现建筑内环境自调节，打造建筑内部微气候，提高建筑的被动式性能；通过中深层地热热泵系统、干式风机盘管供冷及供热系统、温湿解耦型新风热回收机组、能耗监测系统等主动式技术，在保证舒适室内环境的同时能尽量减少建筑机电系统运行能耗和碳排放；结合 256kWp 的屋面太阳能光伏并网发电一体化技术每年可提供约 25 万 kW·h 绿电，年均减少二氧化碳排放约 200 吨，最终将项目打造成为陕西省第一个零能耗幼儿园。图 1 为零能耗策略分析图。

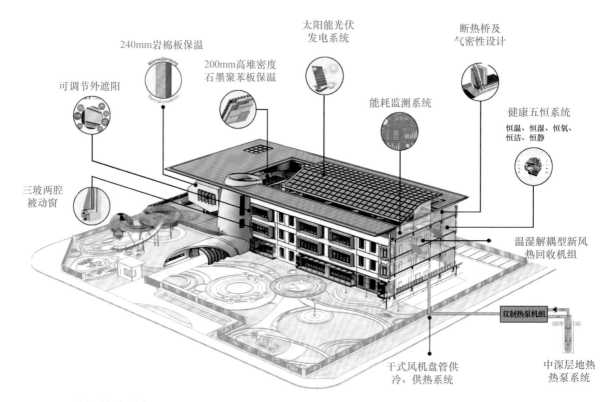

图1   零能耗策略分析图

幼儿园建筑应考虑充足的自然光线和空气流通，使得整个建筑空间通透明亮。幼儿体弱，室内温湿度应处于相对恒定状态、温差不宜随气候变化而变化过大。因此，建筑合理布局、采用高性能围护结构体系是幼儿园建筑首选。

3.6.2.1 高性能围护结构体系

幼儿园采用高性能的外围护结构，提高建筑围护结构的保温隔热性能和气密性能，减少热损失，可以有效地提高建筑的适应性，优化室内热湿环境，在保持良好的室内采光、室内使用采暖

和制冷设备时，减少建筑内冷量热量的损耗，将成功化解提升幼儿园室内环境健康品质和降低建筑运行碳排放之间的矛盾。

3.6.2.2 非透明围护结构

良好的保温体系是提高围护结构热工性能的必要条件，保温体系应完全包裹整个建筑，包括屋顶、墙体、底板或地下室顶板。保温体系的构造因气候而异。通常情况下，屋面的保温应优于墙面，墙面优于底板。具体性能参数见表 1。

表 1　非透明围护结构热工性能参数

名称	构造	传热系数 K [W/(m²·K)]
屋顶	水泥砂浆 25mm + 高分子卷材防水 7mm + 水泥砂浆 25mm + 1：6 水泥焦渣找坡层 30mm + 高堆密度石墨聚苯板 200mm + 钢筋混凝土 120mm + 石灰水泥砂浆（混合砂浆）20mm	0.16
外墙	水泥砂浆 20mm + 岩棉板 240mm + 水泥砂浆 20mm + 蒸压轻质砂加气混凝土砌块 / 钢筋混凝土 200mm + 石灰砂浆 20mm	0.23
挑空楼板	水泥砂浆 20mm + 钢筋混凝土 120mm + stp(vipb) 真空绝热板 i 型 20mm + 水泥砂浆 20mm	0.28
采暖与非采暖房间隔墙	水泥砂浆 20mm + 挤塑聚苯乙烯泡沫板（XPS）200mm + 钢筋混凝土 120mm + 岩棉板 100mm + 石灰砂浆 20mm	0.74
外门	被动门，气密性 8 级	1.0
采暖与供暖房间之间的楼板	水泥砂浆 20mm + 挤塑聚苯乙烯泡沫板（XPS）200mm + 钢筋混凝土 120mm + 岩棉板 100mm + 石灰砂浆 20mm	0.11

3.6.2.3　透明围护结构

在严寒气候区和寒冷气候区，传热系数 K 值 ≤ 1.0W/(m²·K)，太阳得热系数季≤ 0.3、夏季≥ 0.40 的三玻窗即可满足低能耗建筑的本体节能指标。在夏热冬冷气候区和温和气候区，低辐射的 Low-E 双玻窗在大部分情况下可满足低能耗建筑的本体节能指标。对于制冷需要为主的夏热冬暖气候区，双玻或三玻窗增加外遮阳后方能满足建筑本体节能指标。

幼儿园透明围护结构设计采用被动式双层呼吸式被动窗技术，在保证冬季室内最大采光度的同时，最大程度地降低了采暖能耗；在夏季不但拥有良好的采光、通风，还通过外遮阳系统，最大限度地阻止了太阳辐射热过多地进入室内，从而降低建筑的制冷能耗，达到节约能源的目的。幼儿园采用的透明围护结构部分热工性能参数见表 2。

表 2　透明围护结构热工性能参数

名称	构造	传热系数 K [W/(m²·K)]	太阳得热系数
外窗	80 系列内平开隔热铝合金窗（5+12Ar+5Low-E+12Ar+5Low-E）	1.2	0.28

3.6.2.4　外立面遮阳

透过外窗进入室内热量分为两部分：太阳辐射热和玻璃吸收太阳辐射后传入室内的热量。由于窗户的类型、太阳射入角及太阳辐射强度等因素，每扇外窗的太阳能得热都不同，因此对应的外遮阳形式也多种多样。

幼儿园在平面设计时，主要功能房间活动室均采用被动式外窗与进深 1.6m 阳台，在不影响空气流通的情况下，使阳台成为一个过渡缓冲空间。结合幼儿园使用时间，对儿童活动空间起到良好的补充，让室内空间更贴近自然；三层多功能室南向外窗设计有固定外遮阳，结合外立面造型有效地遮蔽了夏季直射阳光，有效减少了夏季空调的制冷能耗。加上外遮阳后，外窗及天窗的太阳综合得热系数：冬季≥ 0.45、夏季≤ 0.30。

通过被动式外窗及外遮阳系统的设计，通过逐时负荷计算得知，设置外遮阳系统后，该项目夏季空调冷负荷总量（kW·h）减少 14.67%。

3.6.2.5　气密性措施

幼儿园的建筑气密性遵循《近零能耗建筑技术标准》（GB/T 51350—2019）关于气密性设计施工的要求。依据建筑不同功能单元、用能情况对建筑进行合理气密分区，进行气密性专项设计。提升室内舒适度的同时，将热桥值和气密性指标带入能耗

模拟计算，考虑热桥对建筑整体能耗的影响。建筑设计施工图中明确标注气密层的位置，气密层连续，并包围整个外围护结构。采用简洁的造型和节点设计，减少或避免出现气密性难以处理的节点。根据被动区域、气密区域划分及要求划分如下：

（1）被动区域：本建筑地上空间（风机房除外）均为被动区域。

（2）气密区域：整体被动式区域为一个完整的气密区域。

（3）气密性要求：零能耗建筑的气密性应符合在室内外压差 50Pa 的条件下，每小时换气次数不超过 1.0 次的规定：N50 ≤ 1.0h^{-1}。图 2 为竖向气密层示意图。

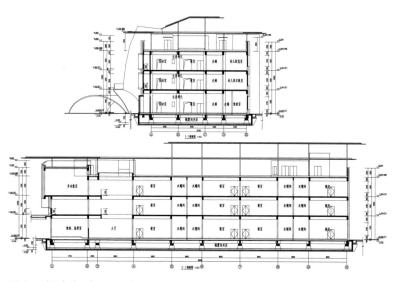

图2　竖向气密层示意图

3.6.2.6　断热桥处理

断热桥设计也是被动式技术措施的一个重要环节。断热桥设计的着重点在于对结构构件易产生热桥的部位进行特殊

处理，以削弱热桥效应。断热桥设计的目的是保证维护结构保温层连续。幼儿园对于热桥的处理做了专项的考察与研究，借鉴被动房的热桥处理做法，全面系统地进行了防热桥专项设计，对易产生热桥的部位均采取相应的处理方式及节点做法，最大限度地减少了热桥对建筑节能及舒适度的影响。

3.6.2.7　高效空调系统

1）末端设计

幼儿园建筑对室内供暖和空调系统要求较高，幼儿体弱且个头较小，因此室内温度应全年恒定，室内温度与外围护结构表面温差和室内竖向温度梯度也比成人用建筑小。为此，设计团队选用地板辐射供冷、供暖加独立热回收新风系统来保证室内湿度及空气品质。

地板辐射系统冬季供回水温度为 45℃ /35℃ 的冷水，夏季供回水温度换成 19℃ /22℃冷水。此温度既可以保证室内极佳舒适度，冷热源系统也具有极高的能效值。

2）冷热源设计

幼儿园位于住宅小区内，与小区内其他建筑共用能源站。能源站设置 2 台中深层地热热泵机组 +1 台冷却塔。其中 1 台热泵机组为双工况机组，热泵机组制冷 COP=6.49，制热

COP=6.42。

能源站共配置 4 口地热井，井供水温度范围为 20~40℃，回水温度范围为 10~30℃。机组冬季用户侧进出口水温 35℃/45℃；夏季蒸发器进出口水温 21℃/16℃，冷却侧进出口水温 32℃/37℃。能源站夏季提供供回水温度为 16℃/21℃的冷冻水，冬季提供供回水温度为 45℃/35℃的热水。

3）热回收新风机组

好的空气品质是幼儿园空调设计的首要任务。由于末端采用地板辐射供暖供冷，夏季防结露是不可回避的问题。设计团队选用新风机组能源环境一体机选型，此机组为全热热回收机组，热回收效率≥72%。

空调末端采用温湿度独立控制系统，既保证了室内空气品质，也大幅度降低了空调能耗。

经过软件模拟计算，"地板辐射供暖供冷 + 全热新风热回收机组"系统较常规"风机盘管 + 地板辐射供暖 + 新风机组"系统，年冷负荷降低了 16.11%，年热负荷降低了 68.3%。

3.6.2.8　太阳能光伏系统

滦镇幼儿园位于滦镇保障性租赁住房项目东侧，设计目标为零能耗建筑。作为长安区保障房项目具有深远意义。在既要到达此目标值、又要考虑建造成本的前提下，设计团队最大限度地降低了建筑本体能耗，其余建筑用能均依靠太阳能光伏发电来弥补。

幼儿园屋面本已设计为上人屋面，考虑到幼儿游戏时的安全性和雨雪天气屋面的可利用性，设计团队将太阳能光伏板采用架空设计，最高处高出屋面 3m，最低处高于女儿墙 0.5m，呈人字形构架。同时，为满足发电量要求，光伏板延伸至女儿墙之外。

采用 580Wp 高效单晶硅单面组件 441 块，组件采用 7°和 22°沿倾斜面单排、双排、三排和四排平铺方式铺设，总安装容量约为 255.78kWp，25 年平均发电量约为 26.22 万度。装机容量见表 3。

表 3　拟建光伏系统建筑物装机容量统计表

名称	屋面可利用面积（m²）	组件数量（块）	装机容量（kWp）
7°倾斜面	1534.4	330	191.4
22°倾斜面	322.34	111	64.38
合计	1856.74	878.77	255.78

3.6.2.9　其他节能措施

本工程所选灯具均为高效、节能型 LED 灯具，采用智能照明系统控制。在走廊、楼梯间等无人员长时间停留的区域，采用人体感应灯具，无人时设定为最低照度，有人时自动开启。

建筑用能设备均采用高效设备。电梯采用具有节能拖动及节能控制方式的产品，且电梯具有休眠功能。水泵、风机等采用高效节能产品，并采用变频控制等节电措施。变电所选用低损耗、低噪声的 SCB13 节能型电力变压器。

采用全方位智能控制系统，包含空气质量监测系统、室外气象监测点、能耗监控系统、设备自控系统以及全光网络架构，力求在保证室内环境舒适的前提下最大限度地降低建筑能耗。

滦镇幼儿园项目性能化设计成果

滦镇幼儿园项目获 2023 年中国建筑节能协会颁发的"零能耗建筑"证书。

建筑类型：幼儿园

地理位置：陕西省西安市长安区

设计时间：2023 年 6 月

建成时间：在建

建筑面积：4730.55m²

建筑本体节能率：30.22%

建筑综合节能率：100.00%

可再生能源利用率：111.00%

3.7　西安机场物流业务配套用房

建筑类型：办公建筑 / 居住建筑

地理位置：西安咸阳

设计时间：2022 年

建成时间：在建

建筑面积：13746m²/7992m²

设计单位：中联西北工程设计研究院有限公司

建设单位：西部机场集团有限公司

3.7.1　项目简介

3.7.1.1　项目概况

西安机场物流业务配套用房项目由西部机场集团有限公司投资建设，工程项目位于西安咸阳国际机场西货运区用地内。项目总用地面积15811.9m²，总建筑面积34749.1m²，由七层办公楼1栋、六层驻勤宿舍1栋、垃圾站1栋、地下室（包含人防工程、设备用房、西货运区能源中心）组成。

3.7.1.2　设计特点

项目所在地形复杂，场地周边道路高差较大，机场滑行道紧邻场地东侧，三角形地块内西南角已有餐厅一栋。项目需满足处理场地周边高差、减少开挖量、节能减碳、隔绝机场噪声干扰等需求，在特殊的环境里打造高性能建筑是该项目的核心问题。

3.7.2　设计策略

　　基于项目特点与现状，从整体规划出发，设计团队以低体形系数和窗墙比为基础，采用高性能围护结构、关键部位消除冷热桥设计、外遮阳和被动窗等技术措施降低建筑本体能耗。通过中深层地热＋变频离心制冷机组＋全热回收新风机组系统大幅度降低空调采暖能耗。利用屋面太阳能光电一体化系统提高可再生能源利用率等一系列节能措施。图 1 为零能耗策略分析图。

3.7.2.1　总体规划

　　建筑总平面设计是对建筑的宏观控制，重点考虑了建筑外部环境对节能的影响，特别是对于公共建筑，外部空间和形态设计直接影响了建筑的使用方式和能源消耗。设计团队力求简化建筑形状，以满足近零能耗标准。设计团队还设置了立体公共活动区域和绿化体系，以及屋顶光伏板遮阳，有效地降低了场地的热岛效应。这一系列措施有助于创造更节能、更环保、更舒适的近零能耗建筑。

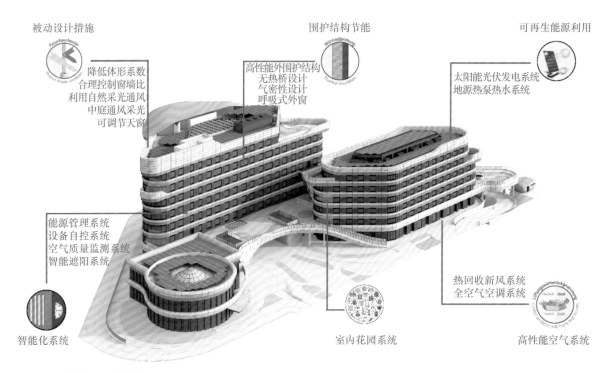

图1　零能耗策略分析图

1）体形系数和窗墙比

　　建筑的体形系数是指建筑的外表面积和与其所包围体积的比值。体形系数越大，说明单位建筑空间与室外大气接触面积越大，热量获得和散失的面积也大，能耗越高。有关研究表明，寒冷地区建筑，体形系数每增加0.01，能耗增加2.5%。经节能计算验证，办公楼设计体形系数0.14，驻勤宿舍设计体形系数0.17，小于严寒和寒冷地区体形系数规定≤0.40。具体系数计算见表1、表2。

表1　建筑体形系数计算表（办公楼）

外表面积（m²）	9717.25
建筑体积（m²）	68836.08
体形系数	0.14

表 2   建筑体形系数计算表（驻勤宿舍）

外表面积（m²）	5053.00
建筑体积（m²）	29696.67
体形系数	0.17

　　建筑形体设计简洁，外墙长度在控制体形系数的同时还注意减少外墙的长度，避免建筑呈现不必要的凹凸。经过多次负荷及能耗分析，在本建筑各朝向平均窗墙比不超过 0.5 时，可以保

证不会由于建筑外窗玻璃面积过大带来的能耗增加，同时可以兼顾采光要求，也便于节点设计，实现节能最优化设计。具体面积比计算见表 3、表 4。

表 3   建筑窗墙面积比计算表（办公楼）

	朝向	外窗面积（m²）	外墙面积（m²）	朝向窗墙比
	东	761.85	2617.46	0.29
	南	90.14	202.17	0.45
窗墙比	西	594.17	2214.44	0.27
	北	656.78	2259.49	0.29
	合计	2102.92	7293.56	

表 4   建筑窗墙面积比计算表（驻勤宿舍）

	朝向	外窗面积（m²）	外墙面积（m²）	朝向窗墙比
	东	323.82	1166.09	0.28
	南	144.63	583.47	0.25
窗墙比	西	84.02	219.52	0.38
	北	441.93	1757.96	0.25
	合计	994.4	3727.05	

　　2）室内外风环境模拟优化

　　根据模拟报告显示，过渡季工况（入口边界风速为 2.90m/s，风向为 WNW）：为了充分

利用自然通风获得良好的室内风环境，设计时使50% 以上可开启外窗的室内外表面的风压差大于 0.5Pa；该风压绝对值较大，可确保良好的

开窗通风效果。

办公及宿舍建筑进行平面设计时，重点考虑建筑自然通风的要求。由于寒冷地区在冬季西北风的冷风渗透对建筑的室内热环境影响是很大的，因此不能选择冬季的盛行风向。人流密集区选择面对夏季的盛行风向，让该区域在夏季有良好的自然通风，改善建筑室内空气状况。

3）室内自然采光

办公区域开窗采光以降低办公照明所带来的能耗。在中庭部位设计了一个体积较大的绿化通高空间，上部开设了天窗及遮阳措施，利用中庭顶部的太阳光线保证开敞展览空间的自然光利用。中间的"光廊"亦可采用一部分天空光线，帮助提高核心筒中央区域空间的光照度及采光均匀度。项目在设计中通过对缓冲层的设计与利用，有效地减少了建筑能耗并创造出舒适宜人的内部工作环境。

3.7.2.2　高性能围护结构体系

本项目采用高性能的外围护结构，提高建筑围护结构的保温隔热性能和气密性能，减少热损失，减少建筑冷量热量的损耗，降低供暖

空调系统能耗，从而降低建筑的运行成本，同时也为使用者创造一个舒适高效的工作和生活环境。

　　1）非透明围护结构

　　非透明围护结构的热工性能是建筑性能的重要组成部分之一，外墙约占到建筑总传热量的40% 左右。本项目主要功能为办公及宿舍，因此制定了特殊墙体的保温隔热性能要求，实现了在总体保温厚度有限的情况下最大可能地降低了传热系数。具体性能参数见表 5。

表 5　非透明围护结构热工性能参数

名称	构造	传热系数 K [W/(m²·K)]
外墙	自保温砌块 240mm + 岩棉带 60mm + 自保温砌块 240mm，外墙干挂处为等厚的岩棉板（A 级），外墙防火隔离带为等厚的岩棉带（A 级）	0.24
屋面	120mm 厚钢筋混凝土楼板 + 220mm 厚高堆密度石墨聚苯板，屋面防火隔离带为等厚的岩棉板保温	0.14
挑空楼板	20mm 厚钢筋混凝土楼板 + 岩棉板 100mm（防火等级 A 级）	0.4
地面	160mm 厚挤塑聚苯板 + 120mm 厚钢筋混凝土楼板	4.97
采暖与非采暖房间隔墙	无机轻骨料保温砂浆 20mm + AAC 砂加气混凝土板墙 200mm + 无机轻骨料保温砂浆 20mm	0.79
外门	被动门，气密性 8 级	1.0

　　2）透明围护结构

　　（1）节能措施

　　建筑门窗主要功能是在获得足够采光的条件下，在有太阳光照射时合理得到热量而在没有太阳照射时减少热量流失。窗户节能技术主要从减少渗透量、减少传热量、夏季减少太阳辐射能三个方面进行。寒冷地区减少渗透量可以减少因室内外冷热气流的直接交换而增加的设备负荷，通过采用密封材料增加窗户的气密性；东、西、南向外窗以及天窗部分配以外遮阳系统，节能效果更为明显。

　　设计采用双层呼吸式被动窗保证冬季室内达到最大的采光度，同时降低采暖能耗，夏季防止太阳辐射热过多地进入室内，进而降低建筑的制冷能耗，达到节约能源的目的。具体性能参数见表 6。

表 6   透明围护结构热工性能参数

名称	构造	传热系数 K [W/(m²·K)]	太阳得热系数
外窗	78 系列铝包木（K_f=1.1）6mm 双银 Low-E+ 12A+6mm+12A+6mm，中间为 560mm 空气层	1.22	0.26
天窗	断桥铝合金 6mm 双银 Low-E+9A+6mm+9A+6mm	1.82	0.29

（2）降噪设计

项目东侧紧邻机场滑行跑道，透明围护结构的降噪隔声设计是必须需要考虑的因素。项目所选用的窗户采用了外侧钢化镀膜夹胶玻璃和内侧三玻两腔被动窗呼吸窗系统，其中间距为 560mm。这种设计能够有效阻隔外界噪声的传递，采用夹层玻璃结构可以有效吸收和减轻传入的噪声，同时利用多层玻璃之间的空气层减缓声波的传播速度，最后被三玻两腔被动窗再次阻隔，窗框采用 78 系列铝包木材料，这种材料具有较高的密封性能，气密性等级＞8 级，能够有效地阻隔噪声的渗透，减少室内噪声污染。通过系列降噪措施，最终可将室内外噪声传递的分贝数降低 30dB 左右。

3）外立面遮阳

外侧玻璃与内侧被动窗之间均设置电动活动外遮阳；中庭上空天窗配置可调节遮阳板系统能有效地遮蔽直射阳光，使中庭成为一个巨大的凉棚，在尽可能不影响空气流通的情况下，成为一个过渡空间，对工作空间起到良好的缓冲作用。外窗及天窗的太阳综合得热系数：冬季≥ 0.45、夏季≤ 0.30。确保冬季尽量引入室外辐射得热，降低室内采暖负荷，同时不会大幅增加夏季制冷负荷。

4）关键热桥处理

进行近零能耗建筑围护结构设计时，应进行消除或削弱热桥的专项设计。对结构构件易产生热桥的部位应进行特殊处理，以削弱热桥效应。无热桥设计首先应保证维护结构保温层连续。对结构构件易产生热桥的部位应进行特殊处理，以削弱热桥效应。主要易产生热桥的部位（如对外结构性悬挑、延伸构件、外保温的铺贴及固定方式，固定锚栓、墙角处、穿墙管线洞口、外墙上固定龙骨支架等部件的做法，外门窗及其遮阳设施安装方式等）应重点关注。对应不同的部位均应采取相应的削弱或消除热桥的措施，以保证建筑整体尽量减小热桥或无热桥。本项目对于热桥的处理做了专项的考察与研究，借鉴被动房的热桥处理做法，全面系统地进行了放热桥专项设计，对易产生热桥的部位均设计相应的处理方式及节点做法，最大限度地减少了热桥对建筑节能及舒适度的影响。

5）气密性措施

本项目建筑设计施工图中明确标注气密层的位置，气密层连续，并包围整个外围护结构。采用简洁的造型和节点设计，减少或避免出现气密性难以处理的节点。选用气密性等级高的外门窗，选择抹灰层、硬质的材料板（如密度板、石材）、气密性薄膜等构成气密层。选择适用的气密性材料做节点气密性处理，如密实完整的混凝土、气密性薄膜、专用膨胀密封条、专用气密性处理涂料等材料。对门洞、窗洞、电气接线盒、管线贯穿处等易发生气密性问题的部位，进行节点设计。办公楼及驻勤宿舍的气密层示意图见图2、图3。

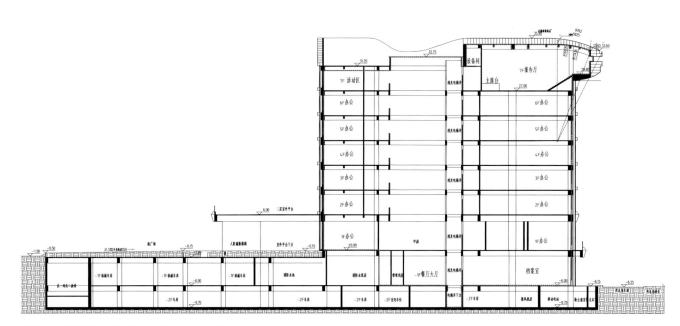

图2　剖面图气密层示意图（办公楼）

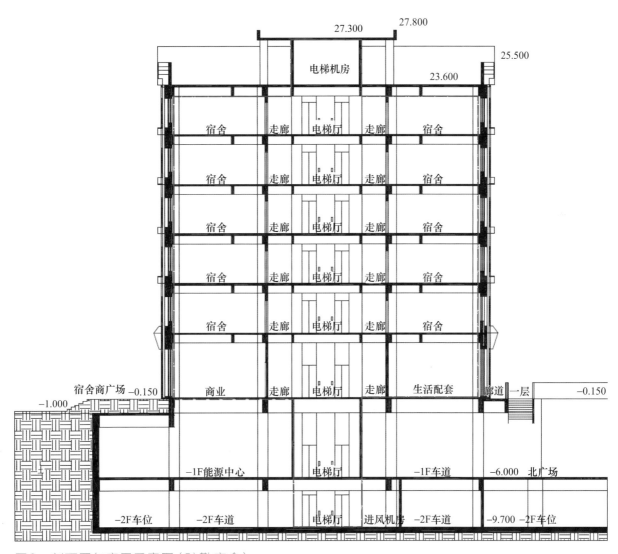

图3　剖面图气密层示意图（驻勤宿舍）

3.7.3　空调及可再生能源利用

3.7.3.1　高效冷热源系统

办公楼和驻勤楼位于机场服务区内，因此空调系统冷热源均来自机场能源站。

夏季选用高效变频离心式制冷机组2台作为本项目冷源，冷冻水供回水温度分别为6℃/13℃，冷却水进出水温度分别为32℃/37℃；

制冷机组 COP=5.746，IPLV=7.839。冬季以中深层水源热泵系统为冬季空调供热主要热源，空调供回水温度为 60℃/50℃；辅以大唐热力市政作为备用，市政一次侧供回水温度 120℃/70℃。

3.7.3.2　中深层水源热泵利用系统

在本项目中，为充分利用中深层水源热泵系统，采用中深层水源热泵系统，对地热水进行梯级利用。高温水首先用于生活热水，再用于空调热水。流程如下：

高温地热水（75℃）→一级换热（64℃）→二级换热（20℃）。二次侧热水热水利用分三种形式：高温热水（65℃/55℃），低温热水（60℃/50℃），低温水（35℃/25℃）→热泵提升（60℃/50℃）。

地热井 2 口，1 抽 1 灌，每眼井抽水量为100m³/h，电热水出水温度为 75℃。能源站内设置 2 台热泵机组；由高温井水经板式换热器后提供冬季空调热水及生活热媒水；非采暖季高温井水经板式换热器后提供生活热媒水。

3.7.3.3　太阳能光伏发电系统

项目位于机场内，周围无遮挡物，为太阳能光伏板的设置提供了有利条件。

设计团队利用在办公楼、驻勤宿舍、职工餐厅等建（构）筑物屋顶布置光伏组件，根据光伏板可布面积，采用 540Wp 高效单晶硅单面组件492 块，组件平铺，总安装容量约为 270.6kWp，25 年平均发电量为 28.78 万度。具体发电量见表 7。

表 7　光伏系统建筑物年均发电量统计

名称	安装容量（kWp）	年均发电量（万度）
办公楼屋面	44	4.68
驻勤宿舍——外围屋顶	99	10.53
驻勤宿舍——机房屋顶	38.5	1.09
职工餐厅屋面	89.1	9.48
合计	270.6	28.78

3.7.4　其他节能措施

本工程所选灯具均为高效、节能型 LED 灯具，采用智能照明系统控制。在走廊、楼梯间等无人员长时间停留的区域，采用人体感应灯具，无人时设定为最低照度，有人时自动开启。

建筑用能设备均采用高效设备。电梯采用具有节能拖动及节能控制方式的产品，且电梯具有休眠功能。水泵、风机等采用高效节能产品，并采用变频控制等节电措施。变电所选用低损耗、低噪声的 SCB13 节能型电力变压器。

采用全方位智能控制系统，包含空气质量监测系统、室外气象监测点、能耗监控系统、设备自控系统以及全光网络架构，力求在保证室内环境舒适的前提下，最大限度地降低建筑能耗。

西安机场物流业务配套用房项目性能化设计成果

　　西安机场物流业务配套用房项目获 2022 年中国建筑节能协会颁发的"近零能耗建筑"证书。

建筑类型：办公建筑 / 居住建筑

地理位置：西安咸阳

设计时间：2022 年

建成时间：在建

建筑面积：13746m²/7992m²

建筑本体节能率：43.79%/41.98%

建筑综合节能率：65.98%/85.99%

可再生能源利用率：43.00%/74.00%